获西安石油大学优秀学术著作出版基金资助

获陕西省自然科学基础研究计划项目 (2019JQ-334) 资助

新型低维材料异质结的
能谷电子性质及调控

屈进峰◎著

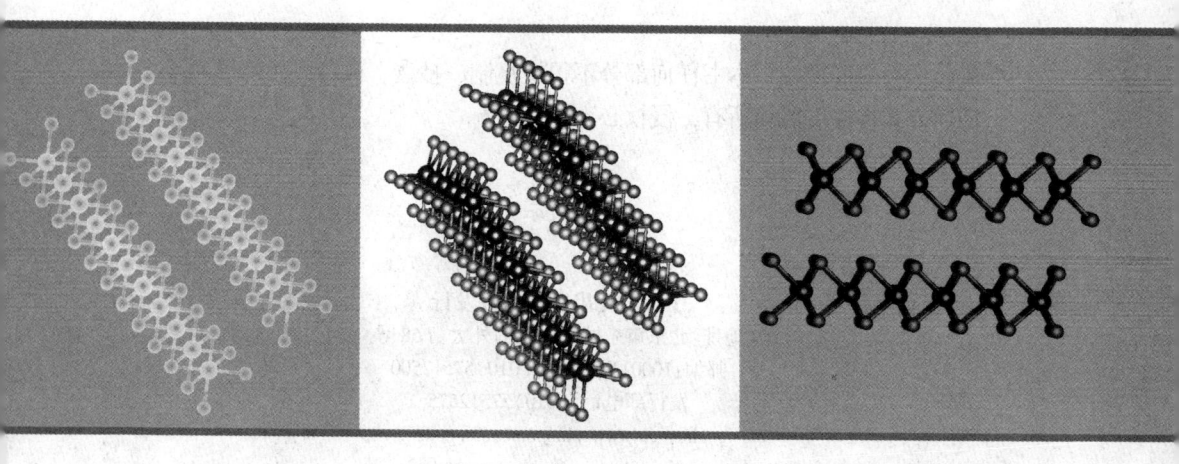

中国石化出版社

HTTP://WWW.SINOPEC-PRESS.COM

内 容 提 要

本书系统地介绍了低维材料异质结的能谷电子性质及调控。全书共8章：第1章介绍了新型二维蜂窝状材料及其异质结和能谷电子学；第2章介绍了计算的理论方法；第3~4章分别介绍了 Silicene/Bi、Germanene/SbF 构成异质结中的能谷电子学性质；第5~6章介绍了 $MoSe_2$/WSe_2 异质结中的能谷激子性质及其电场调控；第7章介绍了 WTe_2 双层电子性质的电场调控；第8章对本书内容做了总结和展望。

本书可供相关材料领域的科技工作者参考，也可作为高等院校相关专业本科生和研究生的参考书。

图书在版编目(CIP)数据

新型低维材料异质结的能谷电子性质及调控 / 屈进峰著 . —北京 : 中国石化出版社，2020.6
ISBN 978 − 7 − 5114 − 5674 − 8

Ⅰ. ①新… Ⅱ. ①屈… Ⅲ. ①纳米材料–研究 Ⅳ.
①TB383

中国版本图书馆 CIP 数据核字(2020)第 102417 号

未经本社书面授权，本书任何部分不得被复制、抄袭，或者以任何形式或任何方式传播。版权所有，侵权必究。

中国石化出版社出版发行
地址:北京市东城区安定门外大街 58 号
邮编:100011 电话:(010)57512500
发行部电话:(010)57512575
http://www.sinopec-press.com
E-mail:press@ sinopec.com
北京艾普海德印刷有限公司印刷
全国各地新华书店经销
*
710×1000 毫米 16 开本 10.5 印张 204 千字
2020 年 6 月第 1 版 2020 年 6 月第 1 次印刷
定价:50.00 元

前 言

利用电子电荷处理信息的传统电子器件已经接近热力学和量子力学极限，自旋电子学利用电子的自旋来编码信息，被认为是克服这些极限的途径。近年来发现一些材料的能带在不同能谷具有相反的贝里曲率，因而具有相反的电学、磁学和光学性质。能谷电子学利用能谷这一新的量子自由度或能谷赝自旋来编码信息，提供了更有效和多样的信息处理方案，是凝聚态物理中研究的热点。

自 2004 年石墨烯发现以来，涌现出一大批新型的二维蜂窝状材料，因其能带结构具有不等价能谷而受到广泛关注。因具有独特的力、电、热、光等性质，二维蜂窝状材料在未来几年甚至十几年内都将成为各个领域研究的热点，有着广阔的应用前景。而由这些二维材料构成的异质结更是丰富了材料的种类和性质。深入理解这些新型低维材料异质结的电子性质及其调控方法，对基于二维材料的能谷电子学器件的制备有非常重要的意义。

在近年来对二维材料异质结相关研究的基础上，笔者撰写了《新型低维材料异质结的能谷电子性质及调控》一书。本书第 1 章对新型二维蜂窝状材料、二维材料异质结以及能谷电子学做了介绍；第 2 章介绍了计算中用到的相关理论基础；后面的章节主要介绍了作者近年来的研究成果——二维材料异质结中的能谷电子性质及其调控，其中第 3～4 章分别介绍了 Silicene/Bi、Germanene/SbF 构成异质结中的能谷电子学性质；第 5～6 章介绍了 $MoSe_2$/WSe_2 异质结中的能谷激子性质及其电场调控；第 7 章介绍了 WTe_2 双层电子性质的电场调控；第 8 章对本书内容做了总结和展望。

本书的出版获西安石油大学优秀学术著作出版基金和陕西省自然科学基础研究计划项目(2019JQ-334)的资助。

由于作者水平有限，书中难免存在不当之处，敬请专家、学者和读者批评指正。

目　录

1　绪　论 ………………………………………………………… 1

  1.1　新型蜂窝状结构二维材料 ……………………………… 2

    1.1.1　石墨烯简介 ……………………………………… 2

    1.1.2　硅烯、锗烯简介 ………………………………… 4

    1.1.3　二维过渡金属硫族化合物简介 ………………… 9

    1.1.4　其他二维材料 …………………………………… 14

    1.1.5　二维层状材料的制备方法 ……………………… 17

  1.2　二维材料 van der Waals 异质结 ……………………… 22

    1.2.1　二维材料异质结简介 …………………………… 22

    1.2.2　二维材料异质结的制备 ………………………… 26

  1.3　能谷电子学简介 ………………………………………… 29

    1.3.1　能谷电子学的发展 ……………………………… 29

    1.3.2　能谷相关的物理性质 …………………………… 36

    1.3.3　能谷激子简介 …………………………………… 39

2　理论方法与计算软件 ………………………………………… 43

  2.1　第一性原理方法与密度泛函理论 ……………………… 44

    2.1.1　多体系统哈密顿量 ……………………………… 44

    2.1.2　绝热近似理论——Born-oppenheimer 近似 …… 45

    2.1.3　Hohenberg-Kohn 定理以及 Kohn-sham 方程 …… 47

    2.1.4　交换关联泛函 …………………………………… 50

    2.1.5　周期性势场近似及布洛赫定理 ………………… 51

I

2.2 波函数与势场的处理方法 ……………………………………… 51

    2.2.1 正交化平面波法 ……………………………………… 52

    2.2.2 缀加平面波法 ………………………………………… 54

    2.2.3 赝势方法 ……………………………………………… 59

    2.2.4 原子轨道正交化线性组合法 ………………………… 61

2.3 计算软件及方法简介 ………………………………………… 63

    2.3.1 第一性原理软件包简介 ……………………………… 63

    2.3.2 Wannier90 简介以及 Berry 曲率计算方法 ………… 64

    2.3.3 Z2PACK 简介以及 Z_2 拓扑不变量计算方法 ……… 66

3 Silicene/Bi 双层异质结中的能谷电子学 ……………………… 71

3.1 概 述 …………………………………………………………… 72

3.2 计算模型与方法 ……………………………………………… 73

    3.2.1 计算模型 ……………………………………………… 73

    3.2.2 计算方法 ……………………………………………… 75

3.3 计算结果与分析 ……………………………………………… 75

    3.3.1 异质结结构的分析 …………………………………… 75

    3.3.2 异质结的自旋劈裂的分析 …………………………… 76

    3.3.3 异质结中能谷电子性质的分析 ……………………… 83

3.4 本章小结 ……………………………………………………… 85

4 Germanene/SbF 异质结中的能谷电子学 …………………… 87

4.1 概 述 …………………………………………………………… 88

4.2 计算模型与方法 ……………………………………………… 89

    4.2.1 计算模型 ……………………………………………… 89

    4.2.2 计算方法 ……………………………………………… 90

4.3 计算结果与分析 ……………………………………………… 91

    4.3.1 异质结 Ge/Sb 结构与电子结构分析 ……………… 91

    4.3.2 异质结 Ge/SbF 结构与自旋劈裂分析 …………… 93

    4.3.3 异质结 Ge/SbF 的电子能谷性质的分析 ………… 95

4.3.4　异质结 Ge/SbF 拓扑性的分析 ……………………………… 98

　　4.4　本章小结 …………………………………………………………… 99

5　MoSe$_2$/WSe$_2$ 异质结中的激子 ………………………………… 101

　　5.1　概　述 ……………………………………………………………… 102

　　5.2　计算方法与模型 …………………………………………………… 103

　　　　5.2.1　计算方法 …………………………………………………… 103

　　　　5.2.2　计算模型 …………………………………………………… 104

　　5.3　计算结果与分析 …………………………………………………… 105

　　　　5.3.1　堆垛对异质结电子层内跃迁的影响 …………………… 105

　　　　5.3.2　不同堆垛异质结中层间激子的形成与复合过程的理论分析 …… 108

　　　　5.3.3　堆垛对位对 MoSe$_2$/WSe$_2$ 异质结中层间激子复合过程极化率的

　　　　　　　影响 ……………………………………………………… 114

　　5.4　本章小结 …………………………………………………………… 115

6　电场对 MoSe$_2$/WSe$_2$ 异质结电子结构的双向调控 ………… 117

　　6.1　概　述 ……………………………………………………………… 118

　　6.2　计算方法与模型 …………………………………………………… 119

　　　　6.2.1　计算模型 …………………………………………………… 119

　　　　6.2.2　计算方法 …………………………………………………… 120

　　6.3　计算结果与分析 …………………………………………………… 120

　　　　6.3.1　平衡状态下 MoSe$_2$/WSe$_2$ 异质结的电子结构 …………… 120

　　　　6.3.2　偏压对 MoSe$_2$/WSe$_2$ 异质结电子结构的调控 …………… 122

　　6.4　本章小结 …………………………………………………………… 125

7　电场对 WTe$_2$ 双层电子结构的影响 ………………………… 127

　　7.1　概　述 ……………………………………………………………… 128

　　7.2　计算模型与方法 …………………………………………………… 130

　　　　7.2.1　计算模型 …………………………………………………… 130

　　　　7.2.2　计算方法 …………………………………………………… 130

Ⅲ

7.3 计算结果与分析 ……………………………………………… 131

7.4 本章小结 ………………………………………………………… 134

8 总结与展望 ………………………………………………………… 135

8.1 总　结 …………………………………………………………… 136

8.2 展　望 …………………………………………………………… 137

参 考 文 献 ………………………………………………………… 138

1 그림자

在晶体中，电子的能量和动量之间的关系由其电子能带结构决定。能带能量极值(导带极小值和价带极大值)附近的电子态称为能谷。除了电荷和自旋，电子还具有能谷自由度，处于不同能谷处的电子可以用不同能谷指标来区分。由于处在不等价能谷态的电子在电学、磁学和光学方面的性质相反，因此可以使用能谷自由度来存储和携带信息(类似于自旋电子学中的自旋)，由此人们提出了能谷电子学的概念。能谷电子学的主要目的是利用能谷的优点来补充和超越现有的基于电荷和自旋的信息处理方式。对能谷自由度的研究在 20 世纪 70 年代就开始了，但是能谷电子学的发展相比于自旋电子学的发展程度很有限。近年来，随着新型的具有蜂窝结构的二维材料的出现，能谷电子学迅速发展，成为凝聚态物理中一个十分引人瞩目的发展方向。

1.1　新型蜂窝状结构二维材料

当电输运和热输运被限制在一个面内时，材料往往会表现出一些不寻常的物理现象，正因为如此，在过去的几十年里，二维材料一直是材料研究中非常重要的一部分。2004 年，英国曼彻斯特大学用机械剥离法成功制备了石墨烯，发现了其独特的电子性质，不仅证明了二维材料存在的可能性，更是激起了研究工作者们对二维材料的研究热潮。近十多年，二维材料的研究在理论和实验方面均有突破性进展，其应用非常广泛，在光电子器件、自旋电子学、能谷电子学、超级电容器、太阳能电池以及锂离子电池、化学传感器等方面均有应用。二维材料不仅为科学领域注入了新的活力，更是推动了纳米器件的发展。本节将对新型蜂窝状二维材料做一个简介。

1.1.1　石墨烯简介

石墨由具有蜂窝状结构的二维 C 原子层堆垛而成，层内原子形成很强的化学键相，层与层之间靠较弱的 van der Waals(范德瓦尔斯)作用力连接，因此很容易通过机械剥离法将石墨剥离为单原子厚度或者单包厚度的二维薄膜，二维石墨烯就是由 Novoselov 和 Geim 通过机械剥离法剥离石墨首次发现的，二人由此还获得了 2010 年的诺贝尔物理学奖。石墨烯具有六角蜂窝状晶格的平面结构,晶格常数为 2.46Å,每个原包内有两个 C 原子,C—C 键长为 1.42Å,结构如图 1.1(a)所示。C 原子按 sp² 杂化方式成键,相邻原子之间在平面内形成强 σ 键,保证了石墨烯结构的稳定性。C 原子的 p_z 电子在垂直石墨烯平面方向形成弱的 π 键,π 电子在石墨烯中可以自由的移动参与导电。在实验上,除了机械剥离方法外,还可以通过多种方法进行石墨烯制备,比如氧化石墨烯还原法、化学气相沉积法以及分子束外延法等。石墨烯还可以通过堆垛、卷曲、裁剪和氧化等方法以多层石

(a)石墨烯结构示意图

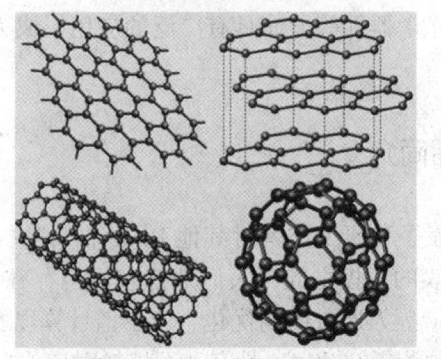

(b)石墨烯通过堆垛、卷曲等呈现的不同形式

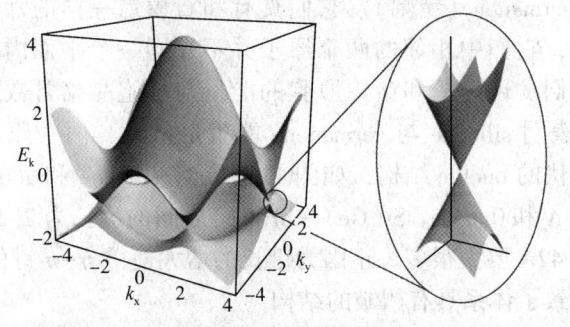

(c)石墨烯的电子结构示意图

图 1.1 石墨烯的微观图

墨烯、一维的碳纳米管、石墨烯纳米条带和氧化石墨烯等形式呈现[图1.1(b)]，具有丰富多样的应用。石墨烯这独特的结构以及其杂化特性导致了它具有独特的电子结构，如图1.1(c)所示。可见在其布里渊区的顶点 K 和 K' 附近，其电子的能量与动量具有线性色散关系，形成狄拉克锥，石墨烯也因此被称为二维狄拉克材料。石墨烯在室温下的电子迁移率高达 2×10^5 cm$^2 \cdot$ V$^{-1} \cdot$ s^{-1}，是硅载流子迁移率的3倍多；同时具有超高的热导率，约为 3000W $\cdot$ m$^{-1} \cdot$ K^{-1}，比铜要高10倍多。对于石墨烯，还在室温条件下观察到了量子霍尔效应。

但是零带隙的特性也或多或少地限制了石墨烯的应用，如何打开石墨烯的带隙也是科研工作者们研究的一个热点。许多研究表明，通过外加电场、施加应力应变、边缘吸附修饰、表面功能化等手段均可有效地打开和调节石墨烯的带隙与电子结构。例如，Y. Zhang 等人研究发现通过施加外电场可以有效打开双层石墨烯的带隙，并且所打开的带隙可逆，大小连续可调，最大可达到250meV。此外，一些理论和实验方面的研究也表明还可通过应变来调控石墨烯的光学、声学以及电子特征。

由于其独特电子结构，石墨烯表现出许多三维材料不曾有的优异性能，因而其在高速电子器件、光学器件等方面具有广泛的应用，成为新一代纳米器件最具潜力的材料。

1.1.2 硅烯、锗烯简介

石墨烯的发现激发了科研工作者对其他 Dirac 材料的探索。由于 Si、Ge、Sn 和 C 都位于元素周期表的第Ⅳ主族，人们期待它们也存在和石墨烯类似的结构。在 2009 年，Cahangirov 等人通过结构优化、声子谱计算以及有限温度下的分子动力学模拟，在理论上预测了 Si 和 Ge 具有和石墨烯对应的单原子层的结构，即 silicene(硅烯)和 germanene(锗烯)。它们具有和石墨烯一样的六角蜂窝状晶格结构，但不同的是，它们中相邻的两个原子并不在同一个平面内，而是上下起伏的。研究工作者们发现硅烯和锗烯原胞的能量与原胞晶格常数的变化关系如图 1.2 所示。研究表明 silicene 与 germanene 能量最低时，两个原子不在同一个平面，具有上下起伏的 buckle 结构，如图 1.3 所示。silicene 和 germanene 中起伏的高度分别为 0.44Å 和 0.64Å。Si(Ge)—Si(Ge)之间的键长为 2.25Å(2.38Å)，这比石墨烯中的 1.42Å 要大很多。正因为键长的增大使得 π-π 键的减弱与 π-σ 键之间的耦合，导致了体系具有褶皱的结构。

1 绪 论

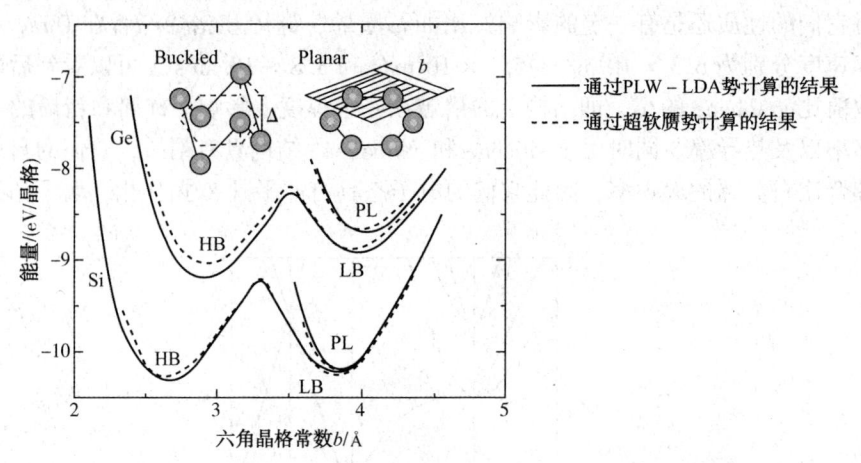

图 1.2　二维硅烯和锗烯原胞的能量随六角晶格常数的变化曲线

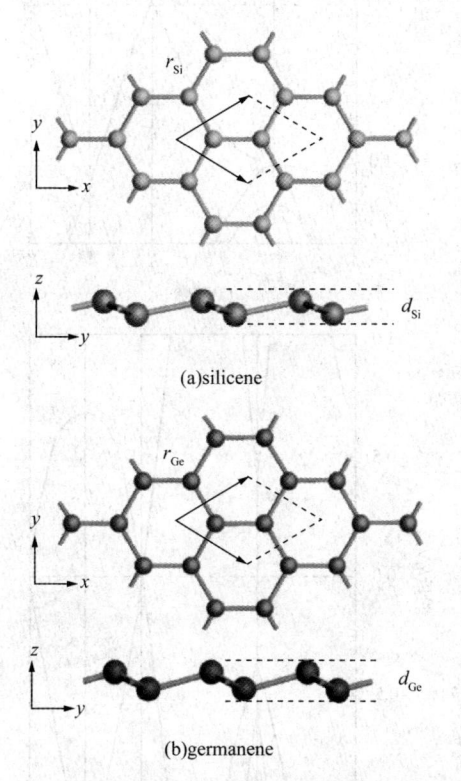

图 1.3　silicene 和 germanene 结构示意图

由于 silicene 和 germanene 的结构与石墨烯类似，价电子结构类似，因此它们具有相似的电子结构，都在 K 点具有 Dirac 锥，如图 1.4 所示。因此它们也具有与石墨烯相似的性质，比如较高的电子迁移率、热导率等。但是它们结构上的褶

· 5 ·

皱对它们的性质还是有一定的影响，比如石墨烯、硅烯和锗烯三者在 Dirac 点的费米速度分别为 $6.3 \times 10^5 \text{m/s}$、$5.1 \times 10^5 \text{m/s}$ 和 $3.8 \times 10^5 \text{m/s}$，可以看到后两者的数值比 graphene 的小，即结构上的褶皱在一定程度上影响了硅烯和锗烯的电子迁移率以及热导率。同时由于 silicene 和 germanene 结构具有褶皱，它们的自旋轨道耦合比石墨烯的大很多，因此它们的电子态具有非平凡 Z_2 拓扑相，属于拓扑绝

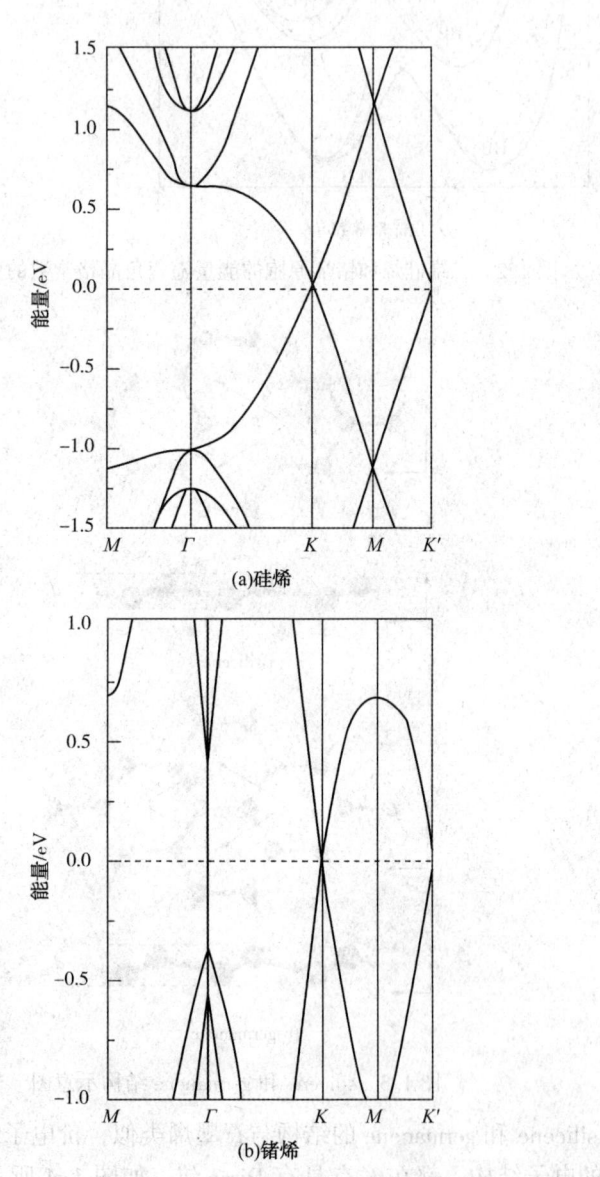

图 1.4　硅烯与锗烯的能带结构图

缘体。Liu 等人发现 silicene 和 germanene 由自旋轨道耦合在 K 点处打开的带隙分别为 1.55meV 和 23.9meV,而 graphene 由自旋轨道耦合打开的带隙却只有 10^{-3} meV。因此,在电子结构的带隙方面,硅烯和锗烯要比石墨烯表现更好,更容易通过外电场、应力应变、表面吸附功能化以及缺陷等手段来打开其带隙。

同样,silicene 和 germanene 独特的电子性质使得它们在实验方面也吸引了大量科研工作者,例如通过交换场、电场与光调控 silicene,使其实现绝缘体、半金属态和金属态的转变。此外,在实验上还成功的制备了基于 silicene 的自旋阀,实现了 98% 的自旋极化,制备了能经热诱导产生纯能谷电流和自旋电流的 silicene 结。通过调控 Rashba SOC 还可以使 silicene 实现能谷极化的量子反常霍尔态。另外,L. Stille 等研究发现当改变硅烯中掺杂电子的浓度和带隙时,硅烯可表现出光学方面的响应。由于硅烯褶皱的结构以及外电场的存在,使得其自旋轨道耦合的相互作用还可产生丰富的量子相变,比如拓扑相、量子自旋的霍尔绝缘体相、能谷自旋偏振的金属相以及绝缘体相。还发现通过施加不同的外电场可调控硅烯的自旋轨道耦合的强弱以及体系的绝缘体类型。发现在一定的频率下,可控制具有某种自旋和能谷极化的载流子向体系的边缘偏转,实现具有特定自旋和能谷指标的载流子的积累,即可实现伴随着自旋霍尔效应的能谷霍尔效应。相关实验研究表明,硅烯和锗烯在半导体器件、自旋电子学器件以及光电子器件等方面均有潜在的应用前景。

同样,在理论上利用重金属元素吸附可以大大增加硅烯的自旋轨道劈裂。Kaloni 研究了 Au、Hg、Tl 和 Pb 吸附在硅烯表面上时硅烯的电子结构及自旋劈裂情况。在不考虑自旋轨道耦合的情况下,Au 的吸附将打破硅烯的六角对称性,在狄拉克点处打开一个大约为 23meV 的带隙。对于硅烯,Au 的吸附属于电子注入,费米能级将升高,因此打开的能隙位于费米能级以下 0.2 eV。自旋轨道耦合效应把打开的带隙减小到 16meV,同时 10meV 的能带劈裂出现在 K 点的价带处。尽管 Hg 的原子序数比 Au 更大,Hg 吸附对硅烯造成的影响明显弱于 Au 的吸附,这主要是因为 Hg 与硅烯表面的距离较之 Au 更远一些。考虑自旋轨道耦合作用后,狄拉克点处的带隙大约是 8meV,略小于未包含自旋轨道耦合效应的 10meV。而 Hg 的吸附仅仅造成了 2meV 的自旋轨道劈裂。Tl 的吸附对硅烯电子结构的影响非常明显,42meV 的能隙和 20meV 的带隙劈裂出现在 Tl 吸附的硅烯中。在上述研究的四种元素中,Pb 由于其自身的强自旋轨道耦合效应对硅烯的电子结构造成了最为显著的影响,研究结果表面具有 149meV 的带隙,自旋劈裂达到 81meV。这些理论上的研究也充分表明硅烯以及类似的锗烯等Ⅳ族材料在自旋电子学方面具有较大的应用价值。

在实验制备方面,silicene 是由 Lalmi 等于 2012 年在 Ag(111)面上通过外延生长的方法首次成功制备，实验测得的形貌如图 1.5 所示。也有研究工作者通过调节衬底的温度，在 Ag(111) 表面生长出不同周期的硅烯结构，并且这些结构均具有良好的稳定性和完整性。除此之外，它还可以在 $ZrB_2(0001)$、$Ir(111)$ 面以及 MoS_2 上生长。但是，目前为止，不依附于基底的纯 silicene 的制备还是实验方面的一大挑战。对于 germanene，在 2013 年首次由 Elisabeth Bianco 制备成功。2014 年，Li 等在 Pt(111) 面上制备了 $\sqrt{19} \times \sqrt{19}$ 的 germanene 超晶格。同属于同一主族的 stanene 也在 2014 年首次制备成功。这些二维 Dirac 材料的成功制备也间接表明这些二维材料的潜在应用，同时也为凝聚态物理和材料科学的发展奠定了实验基础，推动了科技的进步。

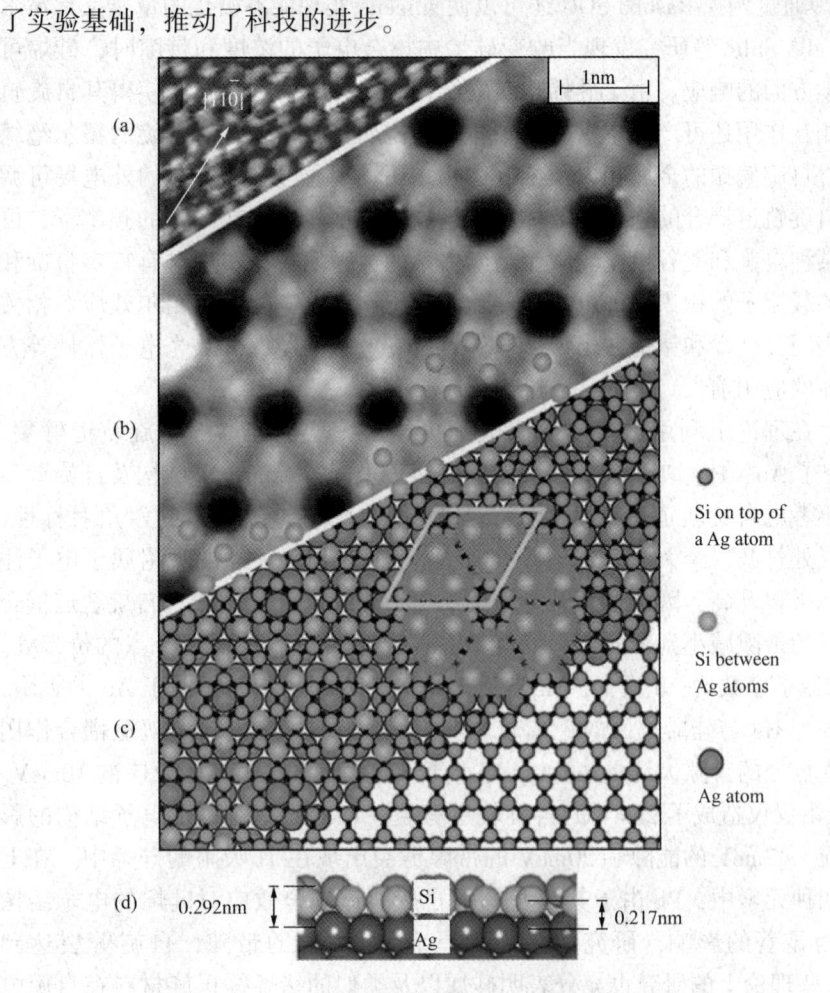

图 1.5　实验测得的 silicene 的形貌图

(a) Ag(111)-(1×1) 基底 STM 形貌；(b) silicene(4×4) 在 Ag(111) 表面的形貌图；
(c) 生长的超晶格的原子模型图；(d) silicene 在 Ag(111) 表面的侧视图

1.1.3 二维过渡金属硫族化合物简介

除了上述第 IV 族 Dirac 材料外，过渡金属硫族化合物(TMDs)也是目前新型二维材料研究中的热点。它们通常用 MX_2 的化学式来表示，其中 M 代表过渡金属原子，一般由四、五、六副族的元素(Ti、Zr、Hf、V、Nb、Ta、Mo、W)构成，X 代表硫族原子，包括 S、Se、Te 等。TMDs 块体是由具有六角蜂窝结构的二维单元堆垛而成。TMDs 单层具有三原子层的三明治结构，两层硫族原子层把过渡金属原子层夹在中间。层内原子之间由化学键相连，而层间通过范德瓦尔斯相互作用堆垛成 MX_2 的块体。这些层状材料一层的厚度在 6~7Å。层与层之间的典型堆垛方式有三种，分别为 1T、2H、3R 体相，如图 1.6 所示。在这里前面的数字代表一个原胞中包含的层数，后面的字母指的是晶体结构(三角晶格，六方

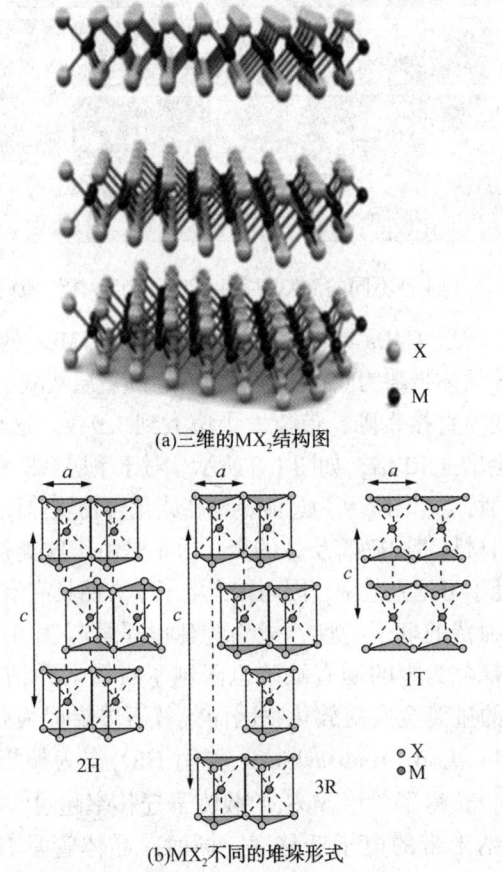

(a)三维的MX_2结构图

(b)MX_2不同的堆垛形式

图 1.6　MX_2 的层状结构示意图

晶格，斜方晶格），其中 2H 体相是实验中测得最为稳定的。研究者常常把不同的堆垛方式作为 MX_2 的前缀，比如，$2H-MoSe_2$ 用来表示 2H 堆垛的硒化钨。堆垛方式和构成材料元素不同，TMDs 块体会具有不同性质，有的表现出金属性，有的表现出半导体的性质，如图 1.7 所示。

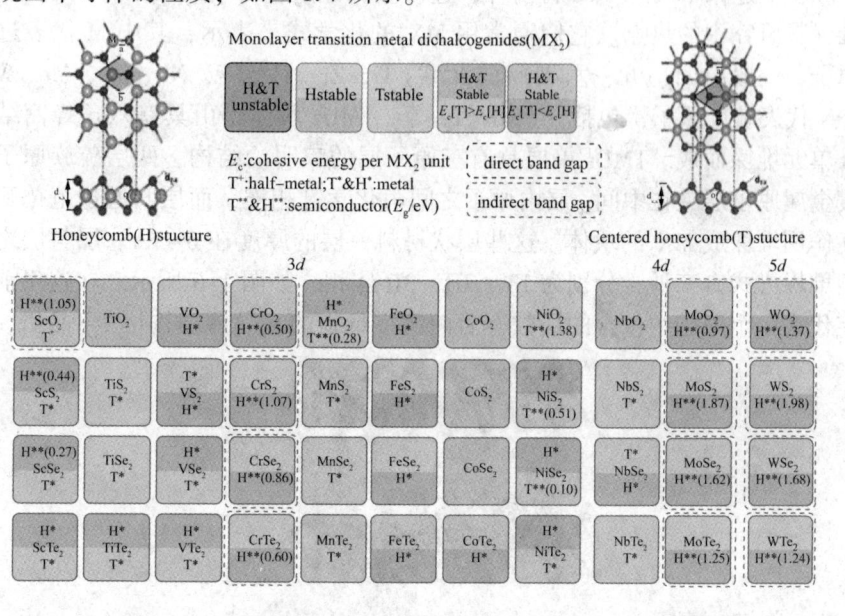

图 1.7 44 种不同的 MX_2 材料稳定性和半导体性质的总结

与块体相比较，单层 TMDs 具有不同的电子结构。TMDs 的能带随着 TMDs 的层数变化。比如，MoS_2 块体带隙为间接带隙 1.3 eV，随着层数减小，带隙增大，当层数减至单层时，带隙变为直接带隙，带隙大小增大到 1.9eV。这也解释了为什么单层 MoS_2 的光致发光谱会增强 10^4 倍，如图 1.8 所示。对于单层 WS_2 和 $MoSe_2$ 等类似材料都有相似的电子结构的特点。图 1.9 为过渡金属硫族化合物块体以及单双层材料的能带结构，可以从中看出材料带隙随着层数的变化。正是由于这类材料具有这样的特点，并且单层材料带隙处于可见光范围，因而在光电子学方面具有潜在的应用。

石墨烯由于其独特的电子特性，成为构建电子器件潜在材料而被广泛研究。但是同时，石墨烯带隙为零的固有缺陷也限制了石墨烯在纳米器件方面的应用。而具有半导体特性的过渡金属硫族化物因而代替石墨烯成为制备纳米电子器件最具潜力的材料。2011 年 B. Radisavljevic 等用 HfO_2 作为栅极，构建了基于单层 MoS_2 的纳米晶体管，获得了单层 MoS_2 的载流子迁移率超过 $200cm^2 \cdot V^{-1} \cdot s^{-1}$，这个数值接近石墨烯纳米带的电子迁移率，同时，晶体管具有较大的室温开关比（1×10^8），如图 1.10 所示。除此之外，单层过渡金属硫族化物还在光电子器件、传感器以及能源储存方面有广泛的应用。

1 绪 论

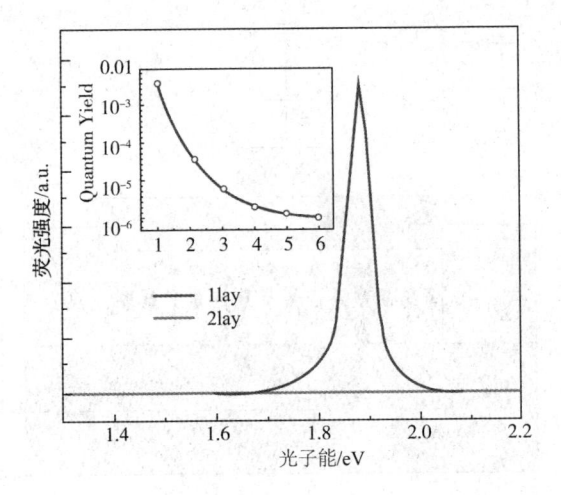

图 1.8　机械剥离的单层的双层 MoS_2 样品能量范围在 1.3~2.2eV 的光致发光谱图

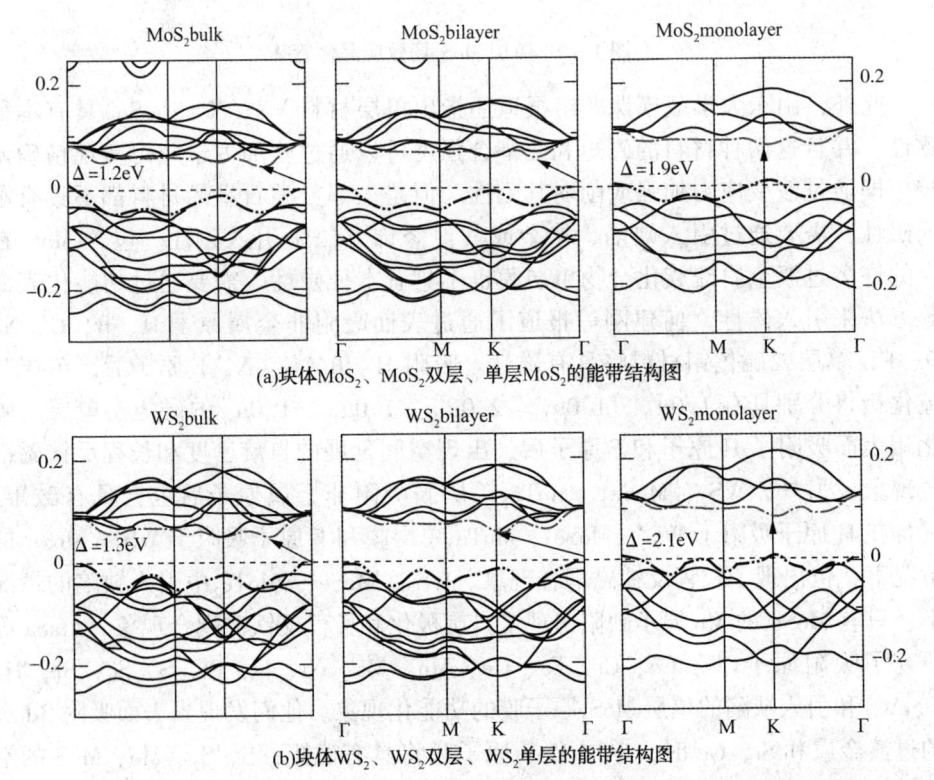

(a)块体MoS_2、MoS_2双层、单层MoS_2的能带结构图

(b)块体WS_2、WS_2双层、WS_2单层的能带结构图

图 1.9　过渡金属硫族氏合物块体以及单双层材料的能带结构

注：图中虚线代表费米能级，点画线和双点画线分别代表处于费米能级两侧的导带和价带，箭头代表整个体系的带隙。

·**11**·

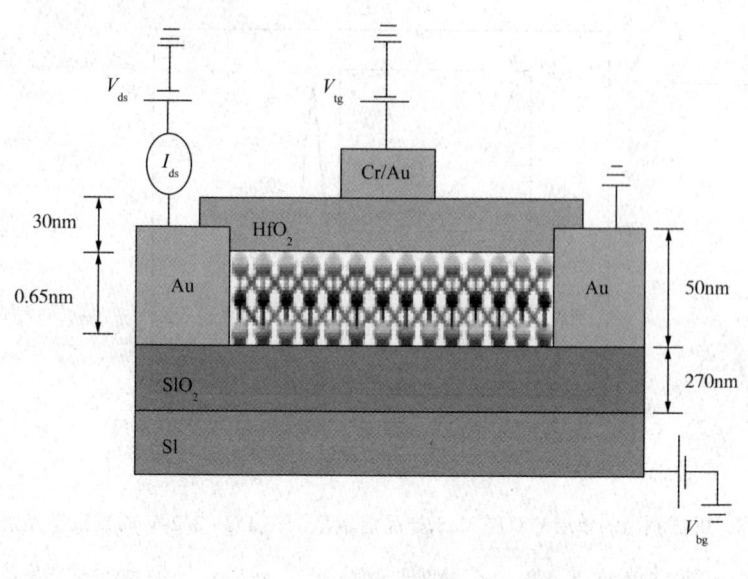

图 1.10　单层 MoS_2 场效应晶体管

此外，山东大学戴瑛课题组报道还指出单层材料 VX_2（$X = S$、Se）具有本征磁性，并且这两种材料的磁矩和磁耦合强度可以通过施加力学应力实现精确调控，即通过改变应力加强或削弱其磁性。但是大部分类石墨烯材料都不具有本征磁性，需要通过引入缺陷、掺杂或其他修饰方法来引入磁性。包含 MoS_2 在内的许多过渡金属硫族化合物单层膜也不具有本征磁性，需要通过功能化表面等方法来引入磁性。何建刚等报道了通过表面吸附非金属原子 H、B、C、N、O、F，单层二硫化钼材料将具有磁性。吸附 H、B、C、N、F 原子后，单层二硫化钼将分别具有 $1.0\mu_B$、$1.0\mu_B$、$2.0\mu_B$、$1.0\mu_B$、$1.0\mu_B$ 的磁矩。单层二硫化钼表面吸附了 H 原子和 F 原子后，出现空间延展的自旋密度和长程反铁磁耦合现象。另外，WS_2、$MoSe_2$、$MoTe_2$ 单层膜吸附非金属原子后也会具有磁矩，并且在 H 原子吸附于 WS_2、$MoSe_2$、$MoTe_2$ 单层膜和 F 原子吸附于 WS_2、$MoSe_2$ 的情况下，也出现了长程反铁磁耦合现象。WS_2、$MoSe_2$、$MoTe_2$ 中引入缺陷的情况下，只有 $MoSe_2$ 的 Mo 原子缺陷出现了自旋极化和长程反铁磁耦合现象。Ataca 等研究了吸附原子（C、Co、Cr、Fe、Ge、Mn、Mo、Ni、O、Pt、S、Sc、Si、Ti、V、W）和引入缺陷的单层 MoS_2 原子膜的功能化现象。他们发现当表面吸附 3d 态的过渡金属和 Si、Ge 时，单层 MoS_2 原子膜将具有磁矩；S、S_2、Mo、MoS 的空缺不会引起单层二硫化钼原子膜磁性的改变，而二硫化钼的三重空缺将会导致较大磁矩的产生。

接下来主要介绍一下二维硫族化合物在电子器件、传感器以及能源存储方面的应用研究进展。

在电子和光电子器件方面，除了前面提到的单层 MoS_2 晶体管之外，Yijin Zhang 等还得到了基于双层二硫化钼的双电层晶体管，他们研究了该双电层晶体管的电导率与栅极电压之间的关系。他们发现当栅极电压从 0 增大到 3V 时，电导率也是逐渐增大的，当栅极电压从 0V 减小到 -3V 时，电导率与 0V 到 3V 时的电导率呈现对称增大。二硫化钼超薄纳米膜的电子和空穴传输的开关比均是大于 10 的二次方，并且霍尔效应测试也表面了电子和空穴的迁移率分别为 $44cm^2 \cdot V^{-1} \cdot s^{-1}$ 和 $88 cm^2 \cdot V^{-1} \cdot s^{-1}$，同时载流体的密度达到了 $1 \times 10^{14} cm^{-2}$，这与传统的晶体管相比要高一个数量级，因此使得二硫化钼中的电输运性质表现为金属性。相关的理论研究还表明，过渡金属硫族化合物的原子薄膜的光学带隙与薄膜的厚度有关，比如二硫化钼原子膜的带隙为 $1.2 \sim 1.9eV$，二硒化钼的原子膜的带隙为 $1.0 \sim 1.5eV$，二硫化钨原子膜的带隙则为 $1.2 \sim 1.9eV$，二硒化钨的原子膜的带隙为 $1.2 \sim 1.5eV$。如果薄膜的厚度适当，它们的带隙能够很好地与可见光的范围相匹配，这就会使得这些薄膜可以适用于光电子器件的应用。张华课题组在 2012 年就已经构建了单层二硫化钼的光电晶体管，通过研究不同光学倍率和漏电压下的光控开关参数，以及进行稳定性的测试，发现单层二硫化钼的光电晶体管的电流开关闭能够达到 10^3 数量级，电子迁移率也可以达到 $0.11cm^2 \cdot V^{-1} \cdot s^{-1}$。

在传感器方面，近年来，基于石墨烯场效应晶体管的传感器被广泛地研究和应用，这些传感器有着低噪声，同时能够对不同分子高灵敏度作出检测的特性。基于石墨烯的传感器在实际中也已成功地应用，因此这也激励着研究人员对具有同样晶格的单层过渡金属硫族化合物的场效应晶体管在传感器方面的应用进行相关的研究。近年来，张华课题组已经利用双层的二硫化钼构造出了一氧化氮传感器，发现该传感器可以用来检测空气中的有毒气体一氧化氮，而且还具有较高的灵敏性，检测的下限可以达到 190×10^{-12}。该课题组还曾以氧化石墨烯作为电极，以二硫化钼作为隧道焊接成容易弯曲的传感器，用于对空气中的二氧化氮进行检测，同时也表现出了较高的灵敏特性。此外，二硫化钼纳米薄膜与铂的纳米粒子功能化可将传感器的灵敏性提高到原来的 3 倍，检测下限降低到 2×10^{-12}。

在能源存储方面，目前被认为最有前途的储能装置是锂电池，而一些层状材料如石墨烯、TiS_2、二硫化钼等都是锂离子电子传统的电极材料。近些年单层和多层二维材料的成功制备使得原子膜代替块体材料作为电池的电极材料成为可能。二硫化钼薄膜作为电极材料的电池，与其块体材料作为电极材料的电池相比较能够体现出更好的循环稳定性，其中块体材料作为电极材料的电池经过 50 个充放电循环后电池的蓄电量由 800mA·h·g^{-1} 降低为 226 mA·h·g^{-1}，而二硫化钼薄膜作为电极材料的电池则仍然能够保持 750mA·h·g^{-1} 的蓄电量。之前有研究表明，石墨烯及其衍生物能够与其他电化学活性材料复合后可作为电池的电极材料，进而提高电池的充放电循环的稳定性。2011 年，Chang 和 Chen 等将二硫化薄膜与还原的氧化石墨烯的复合材料用作锂电池的电极材料，发现当电流为 100mA·g^{-1} 时，电池的电容量可高达 1100mA·h·g^{-1}，而且电池还表现出优越的循环稳定性和大电流性能。超级电容器是另一种典型的储能装置，与电池相比具有更高的功率密度和更长的循环寿命。超级电容器可以分为两类：一类是双电层电容器，这种电容器是通过电荷在电极与电介质截面的积累来实现储存能量的；另一种是拟电容器，这种电容器的功能是基于快速的氧化还原反应。二硫化钼薄膜具有较大的比表面积，能够插入离子的较大空间夹层，在氧化还原反应过程中可以表现出 Mo^{2+} 到 Mo^{6+} 的价态，这些优异的特性使得二硫化钼薄膜应用于双层电容器和拟电容器都具有较大的希望。Soon 和 Loh 等将二硫化钼纳米薄膜用作电容器的电极，发现该超级电容器能够提供双层和感应电流电容，同时可以在交频电流 100Hz 下工作。在 2011 年，谢毅等还发展了基于 VS^2 纳米片的平面电容器，还研究了该电容器的循环伏安曲线和不同工作电流下的恒流放电曲线，展现出双电层电容行为和良好的循环稳定性。

1.1.4 其他二维材料

材料科学的发展依赖于发现新材料并获取和理解它们性质的能力。当降低化合物维度时，这一点显得尤为重要，显然降低材料的维度可能导致一些不可预知的新的物理和化学性质的出现，石墨烯就是一个非常好的例子。因此对于二维材料的研究，人们也在一直尝试并努力探索除了石墨烯、氮化硼、过渡金属硫族化合物等之外的其他还未被发现的新材料。近年来，通过实验或理论也发现了非常多的新型二维材料，比如，同样层状具有蜂窝结构的材料还有 Bi$_2$Te$_3$、Sb$_2$Se$_3$、Bi$_2$Se$_3$ 以及 Bi 双层等拓扑绝缘体。这些材料在其内部是绝缘态，在其表面则是受拓扑保护的金属态。如果拓扑绝缘体具有不等价的能谷，那么有可能在同一个材料中同时实现能谷电子学性质和非平凡拓扑相。除此之外，还有一些二维纳米材料也受到了研究者们的关注，如Ⅳ-Ⅳ族和Ⅲ-Ⅴ族的二元化合物等。Sahin 等研究表明，Ⅳ-Ⅳ族和Ⅲ-Ⅴ族二元化物是能够稳定存在的，并对其结构稳定性和电子能带特征也进行了研究，如图 1.11 所示。

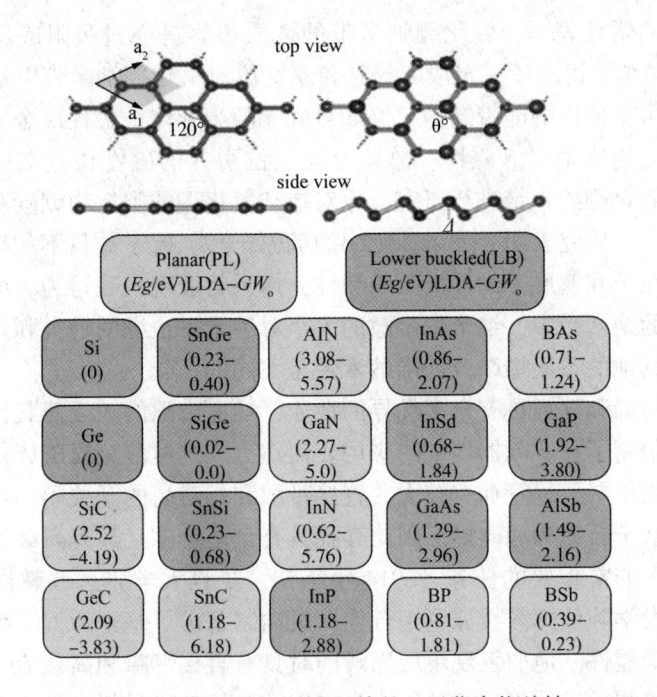

图 1.11　IV-IV族和III-V族的二元化合物总结

在这里主要介绍一下研究较多的二维氮化硼与磷烯。

六角氮化硼是III-V族二元化合物，其结构与石墨类似，被称为"白色石墨"。六角氮化硼具有类似石墨的层状结构，层与层之间也是通过较弱的范德瓦尔斯作用相结合。在每层内，单层六角氮化硼的结构与石墨烯相似，但六角蜂窝状晶格是由硼和氮原子交替排列构成。石墨的电学性质为金属性，而六角氮化硼则是直接带隙绝缘体，带隙约为 6.0eV。单层六角氮化硼具有很强的平面 sp2 共价键，因此其力学强度和热导率与石墨烯相似。同时六角氮化硼与石墨相比具有一些重要的优点，如高化学惰性、高热稳定性、抗氧化能力强和优异的光学性能等。

目前关于单层氮化硼的研究主要集中在纳米带方面，而能隙是纳米带研究中非常重要的性质。研究表明氮化硼纳米带属于绝缘体，这个性质不受它的带宽以及边界形状的影响。锯齿形氮化硼纳米带的带隙属于间接带隙，随着带宽的增加单调减小，而扶手椅形氮化硼纳米带的带宽则类似于石墨烯纳米带，出现家族聚集的振荡行为。在横向电场的作用下，扶手椅形氮化硼纳米带的带隙随着电场强度的增加单调减小，而锯齿形氮化硼纳米带的带隙变化与外加电场的方向及强度都有关系。除此以外，锯齿形氮化硼纳米带的磁性也是非常有趣的，体系的磁性与边界原子的悬挂键有密切的关系。如果边界原子均被氢原子饱和，体系没有磁

· 15 ·

性。进一步的研究表明，氮化硼纳米带的性质很容易通过吸附或者缺陷进行调控。Pan 等详细地讨论了一定浓度的氮和硼空位对氮化硼纳米带电子结构和磁性的影响，获得了多样的能带结构，例如自旋无隙半导体、磁性准金属等。此外硼空位掺杂都能给体系引入磁性，总体上硼空位引入的磁性比氮空位引入的磁性强。除了对氮化硼纳米带进行研究，也对掺杂氮化硼的类比物硼碳氮纳米带进行了详细的研究。研究表明，如果原胞中的硼原子和氮原子数目不相等，由于原胞内未配对硼原子和氮原子的局域不饱和性，体系将表现出磁行为。而在硼原子和氮原子配对的纳米带中，纳米带带隙的大小对纳米带边缘的种类和排列位置并不敏感，这与其他的石墨烯以及硅烯纳米带是不同的。

尽管石墨烯和硅烯具有众多优异的性质，然而带隙的缺乏使其仅具有小的开关电流比，限制了在实际器件中的应用。而作为二维过渡金属硫族化合物代表之一的二硫化钼单层，尽管拥有较大的直接带隙和相对高的开关闭，然而其载流子迁移率却远低于石墨烯和硅烯。因此寻找具有合适带隙且具有高载流子迁移率的材料成为一个非常重要的任务。2014 年年初，复旦大学张远波教授课题组和中国科学技术大学陈仙辉教授课题组合作，成功制备出了基于新型二维黑磷晶体的场效应晶体管器件。他们发现单层黑磷同时具有直接带隙和高载流子迁移率，可以克服石墨烯和硅烯的不足之处，成为它们的良好替代材料。类比石墨烯，人们把单层黑磷称为磷烯。黑磷是磷的一种同素异形体，人们早在 20 世纪 50 年代已经开始对黑磷晶体进行研究。黑磷晶体具有类似石墨的层状结构，如图 1.12 所示。磷原子的价电子排布为 $3s^2 3p^3$，s 轨道上的电子已经配对，p 轨道上存在 3 个未配对的电子，因此在黑磷中每个磷原子与周围的 3 个磷原子形成共价键，每层均形成扭折的几何结构。受到石墨烯结构的启发，从黑磷晶体中剥离出单层或者多层黑磷并对其性质进行研究是非常有趣的。采用类似剥离石墨烯的方法，张远波和陈仙辉教授课题组分别成功获得了纳米厚度的黑磷晶体，并成功制备出基于二维黑磷的场效应晶体管器件。他们的研究结果表明，当黑磷厚度小于 7.5nm 时，这种新型器件在室温下可以获得可靠的晶体管性能，其漏电流的调制幅度在 10×10^4 量级，电流-电压特性曲线展现出良好的电流饱和效应。它的载流子迁移率与二维黑磷晶体的厚度有关，10nm 时可以达到 $1000 cm^2 \cdot V^{-1} \cdot s^{-1}$。中国人民大学季威教授采用第一性原理方法系统地研究了多层二维黑磷的几何结构和电子结构，发现了二维黑磷的多重奇特物性，比如二维黑磷材料的直接带隙半导体特性、高载流子迁移率以及各向异性的力学和输运性质。研究还表明，二维黑磷的带隙和层数有关，随着层数的增加，带隙宽度逐渐减小，因此单层黑磷的带隙最大，可以达到约 1.5eV，是一种典型的半导体。

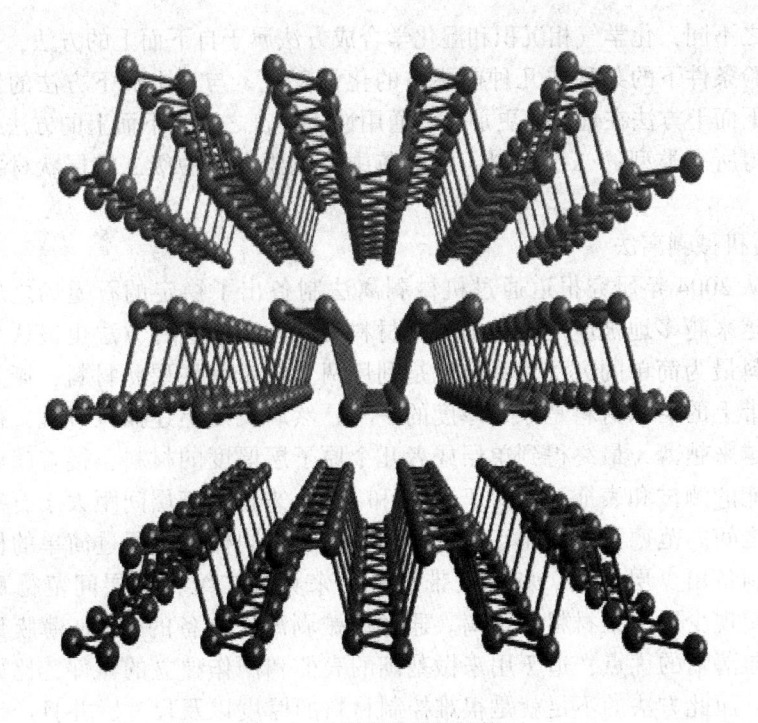

图 1.12　黑磷的晶体结构

氧化锌也属于石墨烯的无机类比物。研究表明，二维类石墨烯氧化锌属于非磁半导体。扶手椅形氧化锌纳米带的性质类似于二维氧化锌，能隙随着带宽发生变化，由于量子限制效应，较窄的纳米带具有较大的能隙。在未被氢饱和的情况下，锯齿形氧化锌纳米带属于铁磁金属，磁矩主要集中在纳米带边界处的锌原子上。如果边界处的氧原子和锌原子被氢原子饱和，体系将变为非磁金属。

1.1.5　二维层状材料的制备方法

为了深入研究二维纳米材料的各种性质及其应用，制备出具有所需要的组分、尺寸、厚度、晶相、缺陷等特性的超薄二维纳米材料的水平就显得至关重要。另一方面，二维材料的优异性质和应用前景促进了各类可靠的合成方式的快速发展，这些方法主要为机械切割、超声辅助液相剥离法、离子嵌入、离子交换方式、氧化辅助、选择性蚀刻液相剥离方法、化学气相沉积方式和湿化学合成等方式。以上方法大致可以分为两类，一类是自上而下的方法；另一类是自下而上的方法。其中，自上而下的方式全都依赖于层状块状原料薄层的剥离。这种制备方法限制性的地方在于：自上而下的方法仅适用于块状晶体为层状化合物的材

· 17 ·

料。与之不同，化学气相沉积和湿化学合成方法属于自下而上的方法，是基于特定的实验条件下的某种或几种前驱体的化学反应。与自上而下方法的局限性不同，自下而上方法在理论上更加具有通用性。换言之，自下而上的方法在理论上可以获得所有类型的二维材料。在本节中，主要介绍中级二维层状材料的制备方法。

（1）机械剥离法

自从2004年研究报道通过机械剥离法制备出了稳定的石墨烯之后，机械剥离法越来越多地被应用在其他层状材料的制备中。这种方法也被认为是制备层状材料最为简单的方法，具体就是利用两个胶带粘住层状材料，撕开后，每一个胶带上的层状材料是原来厚度的一半。然后反复上述撕拉过程，得到的材料就会越来越薄，最终得到单层或者几个原子层厚度的材料，接着就可对材料进行性能的测试和表征。而对于MoS_2和$MoSe_2$来说，其层间距大于石墨，意味着它们之间的范德瓦尔斯相互作用力更弱，所以同样可以通过简单的机械剥离方法来制备出少层结构。利用胶带反复粘来克服二维材料层间范德瓦尔斯作用，可实现少层二维材料的剥离。通过机械剥离法制备的TMDs薄膜具有纯度高、晶向清晰的优点，适于用来做基础的表征和制作独立的器件，比如场效应晶体管。而此方法的不足就是很难控制材料的厚度以及尺寸，并且产量低、重复性也差。

（2）液相剥离法

液相剥离（Liquid Exfoliation）[图1.13（a）]是一个比较笼统的概念，也像剥离方法是依赖于机械外力的辅助，常用的有离子插层、离子交换和超声辅助的方式。

离子插层辅助液相剥离（Ion Intercalation-Assisted Liquid Exfoliation）的基本原理是将小离子的阳离子（例如钾离子、锂离子、钠离子）嵌入到层状块状晶体的间隙里形成插层化合物。阳离子的插入可以削弱层间范德瓦尔斯作用力，扩大层间距。在合适的溶剂（比如水）中进行一段适当时间的超声处理，单层或少层的纳米片就被剥离出来。另外，插入的离子还可以与溶剂发生反应生成氢气，会进一步促进剥离的过程，提高剥离效率。崔屹等用电化学反应的方法获得了锂离子插层的MoS_2纳米阵列。制成电池过程中，将这种插层纳米片阵列作为阳极，完成了对层间锂离子数量的连续控制。除此以外，伴随着插层锂离子数量的变化，二硫化钼的层间距增大，其本征电子结构也得到了有效的调控，并且实现了对电化学析氢反应性质的优化。

1 绪 论

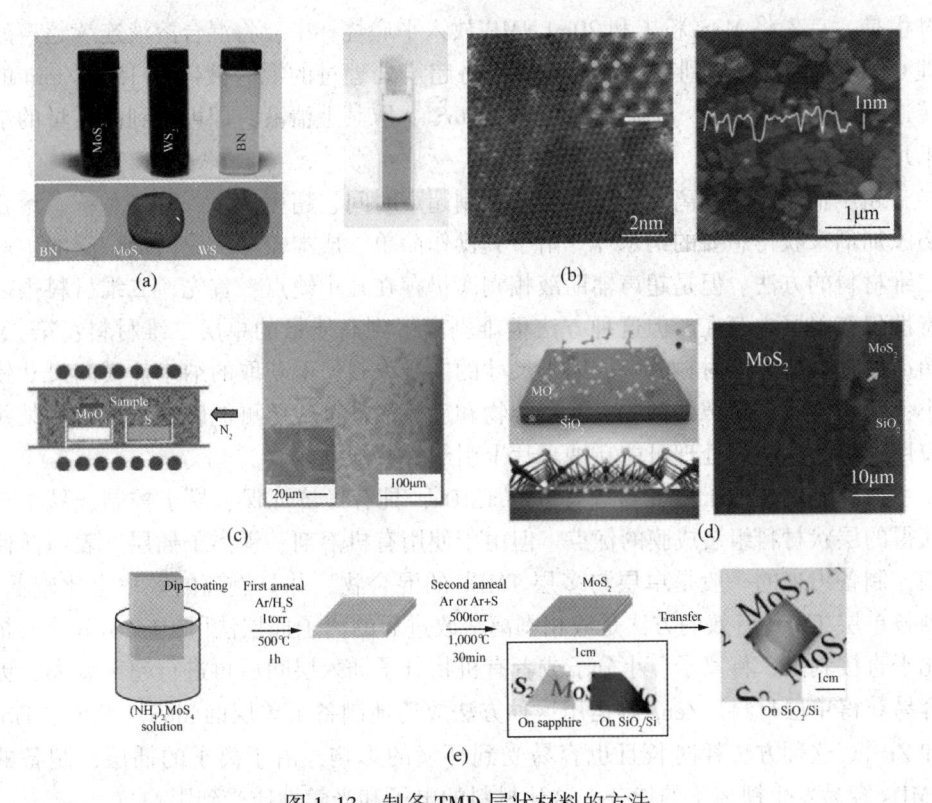

图 1.13 制备 TMD 层状材料的方法

(a)液相剥离法；(b)锂离子插层法制备的 MoS_2；

(c)、(d)、(e)均为 CVD 方法制备 MoS_2(其中由固体 S 和 MoS_3 在 SiO_2 上生长 MoS_2)

超声辅助液相剥离(Sonication-Assisted Liquid Exfoliation)是最常用的利用机械力将液体溶剂中的层状块状晶体剥离成二维材料纳米片的机械剥离方法。通常剥离过程中，将晶体粉末原料混入合适的有机溶剂中，通过一定时间的超声震荡克服层间范德瓦尔斯作用力，通过离心纯化悬浮液来得到纳米片分散液，完成二维材料的剥离。这种方法操作简易，可大量生产，但往往得到的是多种层数的混合状态。2008 年，Coleman 等第一次通过液相剥离法完成了石墨烯的剥离，制备出了大面积的石墨烯。但在他们的第一份报告中，石墨烯悬浮液的浓度仅为 $0.01mg \cdot mL^{-1}$，这种浓度无法满足应用需求。后来非极性溶剂[二氯苯(ODCB)]也被证明可以促进石墨烯的剥离，但这种溶剂具有毒性，限制了其进一步的应用。Coleman 等进一步发现了较低沸点的溶剂(如丙醇、异丙醇、氯仿)能够产生相对高浓度的石墨烯分散液，并将此种方法延伸到其他层状块体晶体(包括 $MoSe_2$、MoS_2、WS_2等)的剥离中。Arlene ONeill 等实现了基于 NMP 溶剂的 MoS_2 粉末的超声辅助液相剥离，制备出了横向为纳米尺寸的 MoS_2 纳米片。具体制备

· 19 ·

过程是：首先将 MoS_2 粉末和 20mLNMP 放入平底烧杯中，将混合溶液连续超声处理 60min，烧杯连接到冷却系统，然后将超声处理过的混合液体以 1500r/min 的转速进行离心 45min，以除去大尺寸的 MoS_2，取其上清液，即可得到高质量的纳米片分散液。

超声辅助液相剥离方法可以通过控制超声时间、超声功率、溶剂系统、聚合物添加剂来获得想要的纳米片。由于其操作简单、成本较低，成为最广泛的生产二维材料的方法。但是超声辅助液相剥离仍存在几个缺点：首先，二维材料很多特性仅在单层中存在，但这种方法很难剥离得到高质量的单层二维材料；第二，超声处理会使大片材料分解成纳米尺寸的二维材料，但获取的纳米片横向尺寸较小；第三，用于超声处理的水性聚合物和表面活性剂残留可能影响纳米片的某些应用；最后，超声处理可能在纳米片上引起一些缺陷。

液相剥离法适于用来制备大量的 TMDs，具有经济环保、易于控制、易于将获得的层状材料组装成膜的优点。但由于使用有机溶剂、锂离子插层、表面活性剂，制备出来的一般是单层与多层 TMDs 的混合物，并且剥离的效率也比较低。制备单层 TMDs 有效的方法是液相剥离法改进后的离子插层法［图 1.13（b）］。相比于直接剥离，将离子、小分子或者有机物分子插入层间后再进行超声剥离，更容易获得单层材料。Zeng 等运用这种方法成功地制备了单层的 MoS_2、WS_2、TiS_2 和 ZrS_2。这种方法耗时长且也容易受到环境的影响，由于离子的插层，制备的 TMDs 容易发生锂离子的掺杂，这让材料的电子和光学性质受到影响。

（3）水热法

水热法（Hydro/Solvothermal Sythesis）也称为高温水解法，是一类非常典型的湿化学方法，基本原理是：在高温高压的密闭容器（比如高压釜）中，前驱体在液体环境中进行化学反应。当封闭系统的温度超过溶剂的沸点时，溶剂将在高压下生成氢气以促进反应过程并且改善合成的纳米晶体的洁净度。Yanguang Li 等通过水热方式获得了符合材料二硫化钼/石墨烯。具体实验过程是：首先将 22mg 的 $(NH_4)_2MoS_4$ 粉末和 10mg 的氧化石墨烯粉末一起放入 10mL 的 DMF 溶剂中，获得 MoS_2/RGO 混合溶液。再将 MoS_2/RGO 混合溶液超声处理 10min，以获得澄清的均匀溶液，然后再加入 0.1mL 的 $N_2H_4 \cdot H_2O$，继续进行 30min 的超声处理，最后转移到溶剂为 40mL 的 Teflon-lined 高压釜中，将得到的分散液在 200℃ 的烘箱中加热 10h。然后以 8000r/min 的转速进行 5min 的离心处理，并用去离子水反复洗涤来除去残留 DMF，最后，将产物放入 5mL 的去离子水中，用液氮冷冻。

水热方法作为合成二维层状材料的可行方法，简单易行、产量高、成本低。但是仍存在一些缺点：首先，由于所有的反应都是发生在密闭的高压釜中，很难弄明白水热合成的生长机理，所以很难为其他材料设计实验；其次，水热方法对溶剂类型、前驱体浓度、温度、表面活性剂和聚合物等实验条件都非常敏感，使得难以控制不同实验批次的材料结构，最后通过这种水热法合成的纳米片绝大部分都是少层混合而不是单层。

（4）化学气相沉积法

化学气相沉积法（Chemical Vapor Deposition）[图 1.13（c）、（d）、（e）]，简称 CVD 技术，被广泛地应用于合成高品质的各种层状材料样品。在真空条件下，气态的前驱体通过化学反应在衬底表面（如 W、Ti、Si 基板）反应或分解形成所需的沉积物，利用惰性气体带走反应过程中产生的挥发性杂质。前驱体、基板、催化剂、温度、惰性气体是决定材料结构特征的几个关键因素。通过微调这些实验参数，可生长目标层数的二维材料。目前为止，许多超薄二维材料（包括 MoS_2、WS_2、$MoSe_2$、ReS_2 等）已经通过 CVD 技术制备。不仅仅是纯 TMD 材料，合金二维材料[例如 $MoS_{2x}Se_{2(1-x)}$、$Mo_xW_{1-x}S_2$]也可以通过 CVD 方法生长，并且通过控制实验条件可以精细调整元素组成比例。已有研究证明，二维 TMD 异质结构（例如 WSe_2/WS_2、$MoSe_2/MoS_2$ 和 $MoSe_2/WSe_2$）也可以以一种 TMD 材料为基底，外延生长另一种 TMD 材料的过程获得。通过控制实验条件，也可以控制二维 TMD 异质结构的生长，获得横向或纵向结构。由于不同 TMS 纳米片的带隙不同，TMD 异质结构可视为具有原子厚度的自然 $p-n$ 结，是现代光电子学中高性能电子器件构建的理想选择。但是 CVD 方法仍然有一些缺点：首先，CVD 生长的纳米材料总是沉积在基板上，需要转移到其他基材上进行进一步的研究和应用；其次，CVD 技术通常需要高温和惰性气体环境，导致与其他方法相比生产成本较高的缺点。

Jonathan C. Shaw 等通过 CVD 方法制备了单层 $MoSe_2$，如图 1.14 所示。将包含 MoO_3 粉末和 SiO_2/Si 沉底的舟皿放在反应炉的中心，含有 Se 粉末的舟皿放在炉子的边缘上游。其原理是：通过高温，使得 Se 源和 Mo 源热分解得到 Mo 原子和 S 原子，并沉积在衬底上，可以通过控制惰性气体的比例来得到想要的 $MoSe_2$ 的结构。这种自下而上的制备方法具有大面积制备、厚度可控的优点，但其操作繁复，成本较高，并未得到全面的应用。

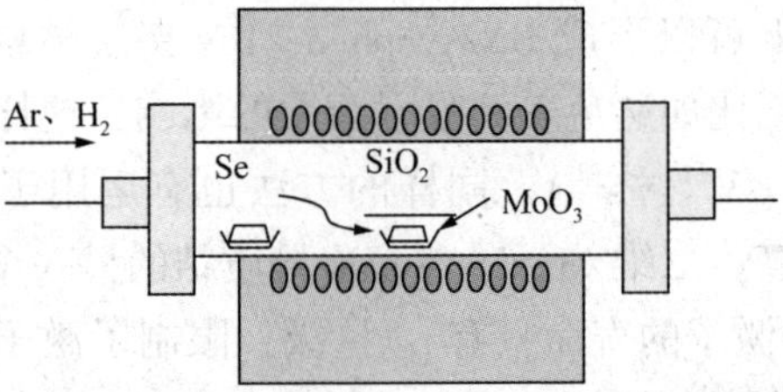

图 1.14　制备单层 $MoSe_2$ 纳米片的 CVD 反应过程

1.2 二维材料 van der Waals 异质结

1.2.1 二维材料异质结简介

近年发现的新型二维材料多是 van der Waals 层状材料，由于 van der Waals 相互作用的特性，人们不仅可以通过机械剥离法来得到单层二维材料，也可以通过堆垛的方式形成不同材料的 van der Waals 异质结。通过形成异质结的方式，一方面可以形成多种多样的二维材料；另一方面，将不同性质的二维材料结合形成异质结，材料中的电荷会重新进行分布，进而可以获得具有新特性的新材料。因此通过形成异质结的途径，可以扩大二维材料的成员，丰富二维材料的性质。二维材料 van der Waals 异质结中，由于 van der Waals 的相互作用较弱，形成异质结的二维材料的原有性质可以基本上保留，但近邻效应还是会导致它们的对称性、几何结构和电子结构的变化，如果形成异质结的材料从结构和性质上配合得合适，就可以得到所需性质的材料。通过形成异质结来调控载流子、激子、光子和声子等性质，产生新的物理现象和独特的性质，带来新的应用，可以用来设计新的电子和光学器件，比如隧穿晶体管、垂直场效应晶体管、光电探测器等。图 1.15 所示为各种 van der Waals 异质结，其中有 0D-2D、1D-2D 和 2D-3D 的异质结，本书主要研究 2D-2D van der Waals 异质结的能谷电子学性质及其调控。

在异质结方面的一个例子是 graphene/BN 的异质结，是通过将 graphene 从其他的基底上移动到 BN 上实现的。由于 BN 在结构上非常的平坦，化学性质不活跃，BN 基底所引起的电荷散射小，进而可以保持 graphene 中载流子的高迁移率。在 graphene/BN 基础上可以形成 BN/graphene/BN 夹层结构，可以保护 graphene 不受外部环境的影响，比如避免表面吸附杂质的影响，这样可以有效增大其载流子的迁移率（$>10^5 cm^2 \cdot V^{-1} \cdot s^{-1}$）。同样的方法也有运用于过渡金属硫族化合物的，同样性能有所提高。二维 van der Waals 异质结的另一个例子是硫族过渡金属异质结。单层 TMD 中激子的寿命只有 ps 量级，限制了激子所携带的能谷赝自旋的空间输运距离，对其应用不利。在 MoS_2/WSe_2、$MoSe_2/WSe_2$ 和 $MoSe_2/WS_2$ 等异质结，其能带是由异质结中各层能带按第 Ⅱ 类能带交叉排列构成。研究发现，

1 绪 论

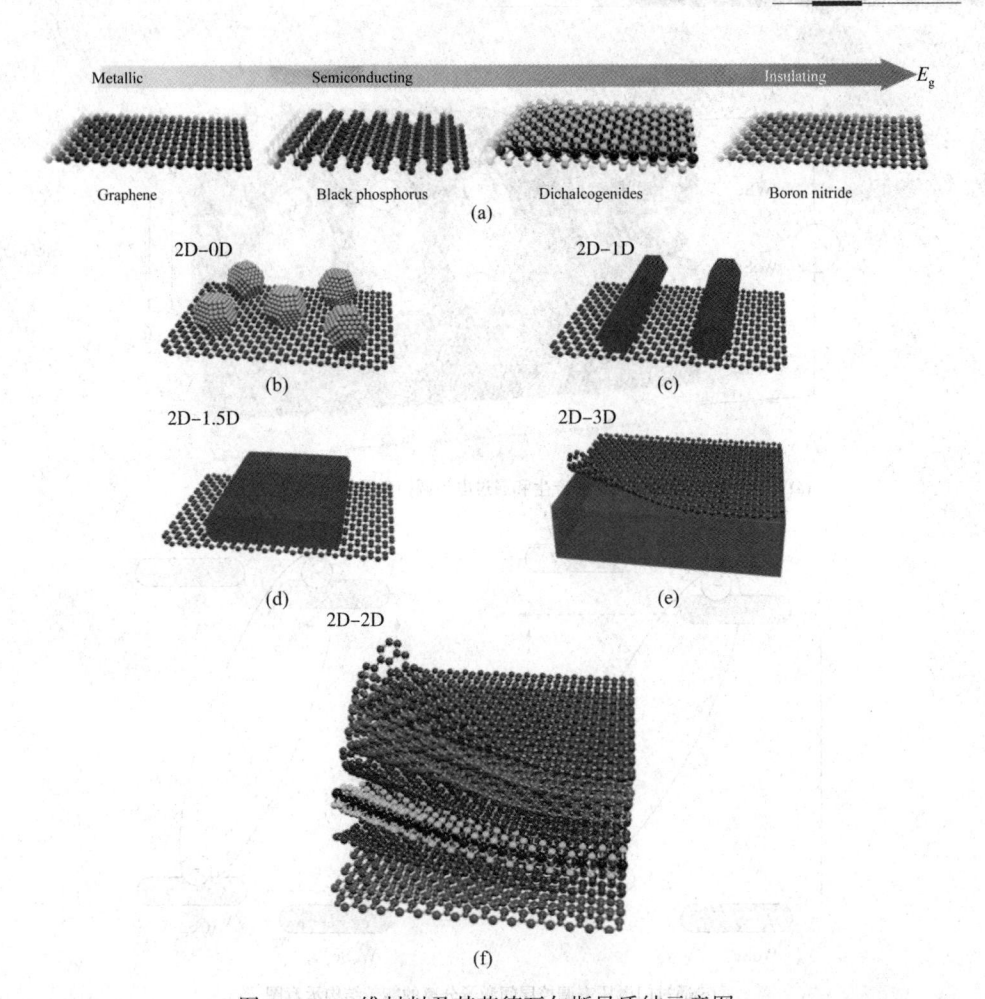

图 1.15 二维材料及其范德瓦尔斯异质结示意图

(a)二维材料在化学组分、原子结构和电子性质方面均具有多样性；
(b)~(f)二维材料分别与 0D 的纳米颗粒或者量子点(b)、一维纳米线(c)、1.5D 纳米带(d)、
3D 体材料(e)、二维纳米薄膜(f)等材料构成的异质结构示意图

由于这种第二类能带的交叉排列，层内激子激发通过层间快速电荷转移形成层间激子(图 1.16)，层间激子的寿命达到 ns 量级，而且通过垂直方向的电场还可以调节层间激子跃迁发光的偏振率。这样形成的硫族过渡金属化合物异质结，性能与单层结构的性能相比较大为改进。

除了上述的异质结之外，还有一些由不同材料构成的合金材料也得到了研究工作者们的深入研究，比如，由稳定的过渡金属硫族化合物构成的合金材料[如 $MoS_{2(1-x)}Se_{2x}$ 和 $Mo_{1-x}W_xS_2$]已经被合成和深入地研究。那么其他二维材料也可能是稳定的结构，或许还会具有某些独特的性质，这就促使人们对其二维结构展开

· 23 ·

(a)WSe$_2$/MoSe$_2$异质结中激子产生和通过电场调控激子极化的装置示意图

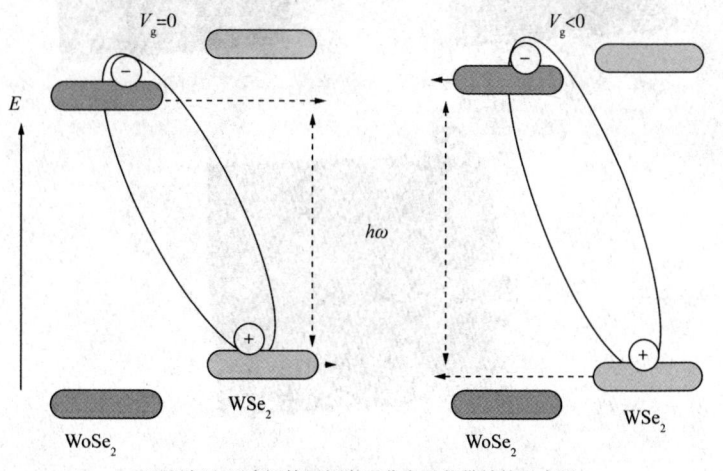

(b)通过门电压来调控层间激子分离的能带结构示意图

图 1.16　层间激子形成过程示意图

研究和探索。Hannu-Pekka Komsa 等对单层过渡金属硫族化合物构成的合金材料的结构稳定性及电子结构特性进行了研究，研究发现二硫化钼\二硒化钼\二碲化钼两两组成的单程合金化合物在室温环境中在热力学上是可以稳定存在的，因此这些材料可以通过化学气相沉积法或者直接从主体材料机械剥离的方法进行制备。有效的能带计算结果表明这些二维化合物能带结构的一般特征和它们的组分材料相似，如直接带隙等。也有结果表明在单层 $MoS_{2(1-x)}Se_{2x}$ 的合金中，其带隙随着 x 的变化是连续可调的，这证明二维合金材料在光子学方面有着可能的应用前景。YanFeng Chen 等对单层 $Mo_{1-x}W_xS_2$ 材料还进行了实验与第一性原理研究。他们首先通过机械剥离的方法获得一系列 $Mo_{1-x}W_xS_2$ 的单层材料，利用 AFM、拉曼普、荧光光谱对其结构和光谱性质进行了分析，发现单层 $Mo_{1-x}W_xS_2$ 的带隙在

$1.82(x=0.2) \sim 1.99 eV(x=1)$ 的范围内根据 x 的不同连续可调。此外，又通过第一性原理计算的方法对该材料的电子结构性质做了进一步的研究。计算结果揭示了单层 $Mo_{1-x}W_xS_2$ 在 x 在 $0 \sim 1$ 范围内均为直接带隙的半导体，与其荧光光谱相一致。这些研究为二维过渡金属硫族化合物合金材料在电子、光电子等纳米器件方面的应用奠定了坚实的基础。

因为异质结的界面处存在相互作用，异质结构往往会具有其组分不具有的电子特性，组件异质结也是半导体学中控制电子特性的一种常用方法。进来，二维过渡金属硫族化合物的异质结也受到了广泛的关注。K. Kosmider 和 J. Fernandez-Rossier 对由单层二硫化钼和单层二硫化钨堆叠而成的 MoS_2/WS_2 双层异质结进行了研究。研究发现，不同于双层二硫化钼和双层二硫化钨，该异质结具有直接的光学带隙，并且该带隙比单层二硫化钼和单层二硫化钨的直接带隙均要小一些，而且布里渊区的 K 点处最低能量的电子和最高能量的空穴是处于不同单层的材料中，即分别位于单层二硫化钼和单层二硫化钨中，因此该异质结属于典型的 Ⅱ 型异质结。此外，寇良志等还对异质结 $(MoX_2)_n(MoY_2)_m$（X、Y = S、Se、Te）$(m+n=6)$ 的结构稳定性及电子结构特性进行了研究。结果表明异质结结构的稳定性及电子结构特性取决于其成分种类及各组分的层数，异质结构的带隙能够在一个比较大的范围内被界面处的晶格失配和自发极化进行调节，而且其带隙也可以被外加的电场所调控。

在用于纳米电子器件时，二维过渡金属硫族化合物的原子薄膜是需要和绝缘材料焊接在一起的。为此，探索衬底对过渡金属硫族化合物原子薄膜存在的可能影响就显得非常重要。二氧化硅是一种常用的绝缘衬底材料，有关石墨烯放置与二氧化硅衬底的实验和理论研究以及二硫化钼原子薄膜制备与二氧化硅衬底上的实验工作已经非常多了。Kapildeb Dolui 等开展了二硫化钼单层置于二氧化硅衬底上的理论研究，研究了截面掺杂和缺陷对体系电子结构的影响。在理论研究中，通常会考虑氧原子终结的和氢原子钝化的二氧化硅表面。Kapildeb Dolui 等的模型也取了这两种二氧化硅表面，同时又考虑了表面缺陷和吸附钠原子的情况。通过第一性原理研究，他们发现二硫化钼的单层置于氧终结的和完全氢原子钝化的二氧化硅表面上时，它们之间的相互作用很弱，衬底对二硫化钼的电子结构几乎没有影响，此时二硫化钼的电导性不会发生变化，二氧化硅可以作为比较理想的栅极。当氧终结的和完全氢原子钝化的二氧化硅表面上吸附一个钠原子时，在导带底的下面形成了一个浅施主能态，这一小的激活能使该体系称为 n 型半导体；同时这也表明对于二硫化钼/二氧化硅体系，钠原子是有效的 n 型掺杂物质，与衬底的表面形貌没有关系。但是，当氧原子终结的二氧化硅表面吸附一个氢原子时，引起的杂质能级位于导带底下面大约 0.9 eV

处，其上的电子不容易被激发到导带，这样就形成了一个稳定的局域态，因此不会影响二硫化钼的电导率。当氢原子钝化的二氧化硅表面缺失一个氢原子而形成一个氧的悬挂键时，费米能级处于价带顶的下面，使得二硫化钼/二氧化硅体系称为 p 型半导体。

有很多因素可以影响异质结的性质。除了构成异质结的组分材料不同外，形成异质结层状材料间的间距、堆垛和相对旋转等也会对异质结的性质产生影响。例如将 TMD 机械地堆垛起来构成的异质结，其层与层之间的相互作用非常弱，通过适当的热退火可以减小层间距，进而加强层之间的相互作用；还可以在 van der Waals 间隙中插层，可以调节异质结的性质。例如在两层 graphene 中间插入一层 BN，引起安德森局域化，导致了金属绝缘体转变；在 TMD 异质结中插入 BN 层也可以调节层间耦合，而且随着 BN 层数的增加，效果越来越弱。在双层 TMD 构成的异质结中，相对旋转角度等于 0°（AA 堆垛）或者 60°（AB 堆垛）时，体系的电子结构是不同的。因此在构造异质结时，可以通过调节层间距、组分以及层与层之间的扭转角度来构造符合预期目的的异质结。

1.2.2　二维材料异质结的制备

异质结的实验制备方法和单层材料的制备是类似的，包括自上而下和自下而上两种。所谓自上而下制备方法是从大的体系出发以获得小的体系，比如机械剥离法从块状材料中剥离获得单层材料；自下而上的制备方法将小体系合成为大体系，比如通过颗粒生长来制备纳米片。

自上而下制备在这里主要介绍剥离–堆叠法。由于二维层状材料可以通过简单的机械剥离方式得到，因此再借助定点转移平台，就可以实现不同二维材料的堆叠，具体原理如图 1.17 所示。首先，待堆叠样品需要通过干法或者湿法方式转移至 PDMS 表面，因为 PDMS 较厚（约 2mm），具有不错的机械强度和黏附力，很适合作为中介层，随后 PDMS 被安装在玻璃板上，借助长焦镜头的对准，最后按压至目标样品之上，实现一次堆叠。这种堆叠流程还可以循环进行，形成图 1.18 展示的氮化硼和石墨烯多层次堆叠。由于不同材料之间的晶格常数不一致，因此在堆叠后会形成新的周期性结构，即 Moire 像斑。虽然该方法比较简便，继承了机械剥离的优点，所得样品的晶体质量很高，并且可以人为地控制晶体的堆叠方向，用于研究不同堆叠角度（twist 结构）对材料物性的影响；但是其缺点也是显而易见的，由于机械剥离方法会引入残胶，因此层与层之间的界面就会不可避免地被污染。

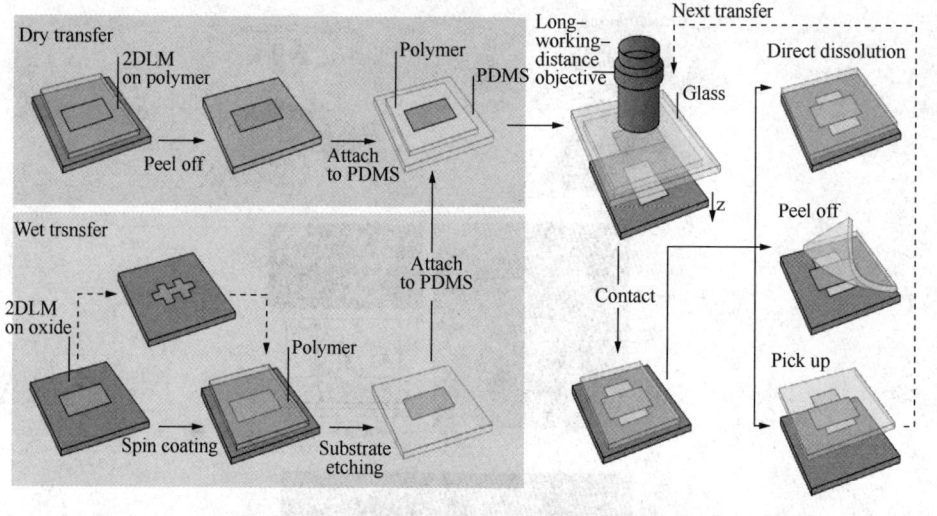

图 1.17　制备异质结的转移过程示意图

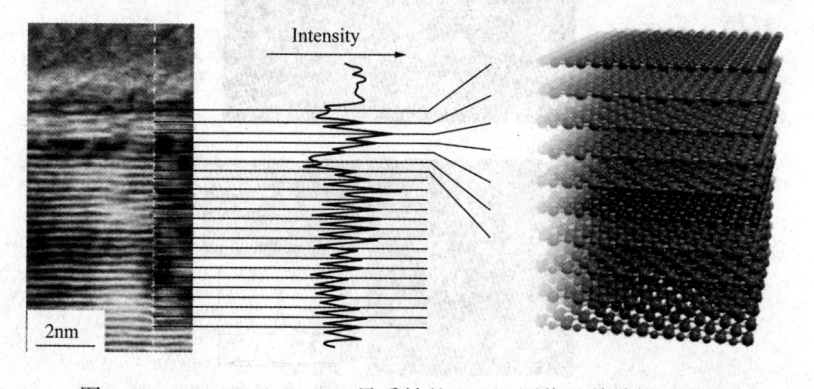

图 1.18　BN-Graphene-BN 异质结的 STEM 图像及其结构示意图

范德瓦尔斯外延生长法。由于很多层状二维材料可以通过 PVD 或 CVD 等方法生长在某些衬底之上，并且层状材料表面无悬挂键（和云母衬底一样），非常适合作为另一种材料生长的"衬底"，例如有文献在石墨烯或者氮化硼之上生长其他二维材料。首先，范德瓦尔斯外延生长法得到的异质结总会存在一定的晶体取向关系，有研究人员专门计算相关生长机理；其次，这种方法可以得到无污染的异质结界面；再者，该方法不仅可以生长垂直型的异质结[图 1.19(b)]，也可以生长平面型的异质结（要求两种材料的晶体结构类似）[图 1.19(a)]。图 1.19详细展示了 MoS_2/WS_2 垂直型和平面型异质结的生长结果。

由图 1.19(f) 和 (j) 可以看出，垂直型和平面型的 MoS_2/WS_2 异质结均保持晶格取向一致，各自的 AFM 高度图、拉曼光谱图如图所示。除了这篇参考文献，还有不少其他文献利用范德瓦尔斯外延生长法构建异质结。

·27·

新型低维材料异质结的能谷电子 **性质及调控**

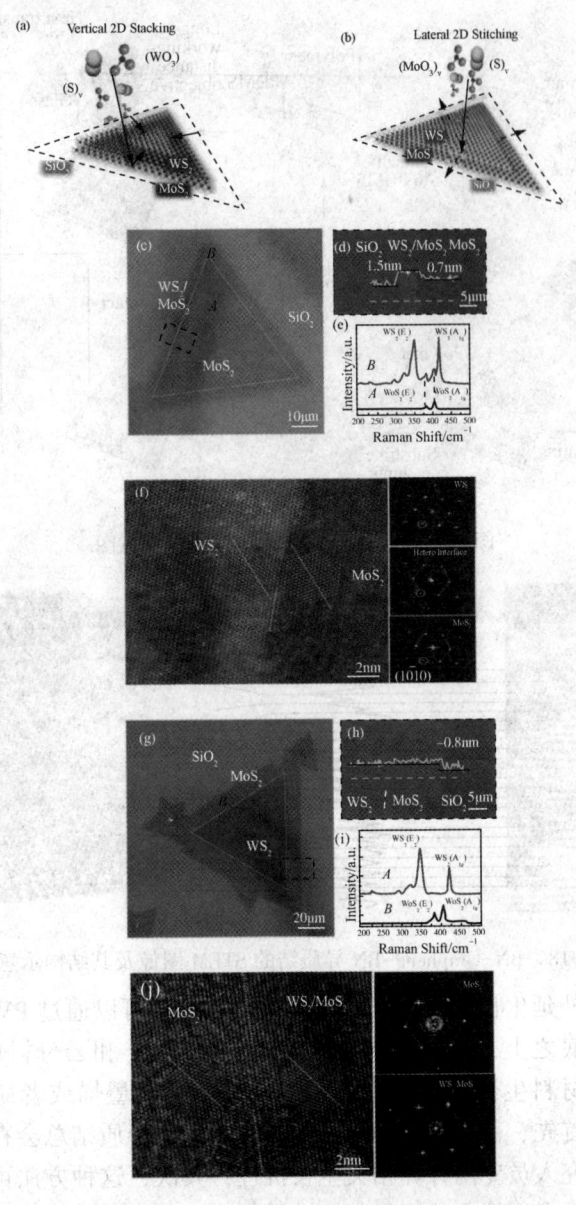

图 1.19

(a)平面型异质结的生长示意图；(b)垂直型异质结的生长示意图；

(c)~(f)垂直型 MoS_2/WS_2 异质结的光学显微镜图(c)、AFM 高度图(d)、

拉曼光谱(e)以及高分辨电子透射显微镜和选区衍射斑点图(f)；

(g)~(j)平面型 MoS_2/WS_2 异质结的光学显微镜图(g)、

AFM 高度图(h)、拉曼光谱(i)以及高分辨电子透射显微像和选区衍射斑点图(j)

· 28 ·

1.3 能谷电子学简介

在过去的几十年里，半导体技术以及自旋电子学的发展一直围绕着如何操控电子的电荷和自旋并利用它们作为信息载体来处理信息。原则上其他量子自由度也可以用来编码信息。在晶体中，电子由于相互作用形成能带，电子除了具有电荷和自旋属性外，还具有能谷自由度。能带结构中导带的极小值处以及价带的极大值处附近的态称为能谷。由于在不等价能谷处，电子的有些性质是相反的，例如自旋轨道耦合引起的自旋劈裂和对圆偏振光的响应。因此可以定义一个相反的指标来表示能谷自由度。具有相反指标的能谷类似于电子上下相反的自旋，称之为能谷赝自旋（valley pseudospin）。因此与利用电子自旋编码的自旋电子学类比，把用能谷赝自旋来编码信息的电子学称之为能谷电子学。能谷电子学致力于操控能谷自由度，用其编码处理信息。

最近十多年，能谷电子学得到突飞猛进的发展。在本节中将简要介绍能谷电子学的发展以及与能谷相关的物理性质。

1.3.1 能谷电子学的发展

理想的能谷电子学材料应该具有两个或者多个简并但又不等价的能谷来实现能谷极化电流。随着能谷电子学材料的逐渐增加，能谷电子学也得到了较大的发展。能谷电子学材料大致可分为三类。

（1）以 Si、金刚石、Bi、AlAs 为代表的普通能谷电子学材料

这些材料有一个共同点，在它们的体相能带结构中，导带底均由多个简并的等价能谷组成，且这些能谷分别分布在其布里渊区内相互垂直的主轴方向的导带底。电子可以存在于这些能谷中，这些材料均可以通过外场打破能谷的简并，实现能谷极化的电流。2013 年，Isberg 与其合作者首次通过对体相的金刚石中施加电场打破能谷的简并，产生了能谷极化的电流。同时通过施加磁场实现动态的探测能谷极化的电流，并且通过霍尔角来检测能谷极化的程度。如图 1.20 所示，金刚石的能带结构，在主轴方向有 6 个等价的导带能谷，在这些能谷中，电子具有不同的有效质量，纵向上为 $m_t = 1.15m_0$，横向上为 $m_t = 0.33m_0$，m_0 为自由电子的有效质量，主轴方向上有效质量的各向异性使得载

流子的输运呈现各向异性。在金刚石中，能谷之间的声子的散射需要能量为 65meV 纵向的声学模式的声子或者能量约为 120meV 的横向光学模式的声子的辅助。利用纵向声学模式能量低、需要时间短的特点，研究人员发现在（100）轴方向施加电场后，热电子由于受到能谷间声子的散射而聚集在与电场平行方向的轴向上，产生了寿命为 300 多纳秒的能谷极化的电子。同样，2007 年，研究人员通过对 H 原子钝化的 Si 表面施加磁场，实现了能谷的极化。除了施加电场、磁场等手段，还可以通过应变打破 AlAs 的对称性，调控不同能谷的电子占据情况，来实现能谷的极化。

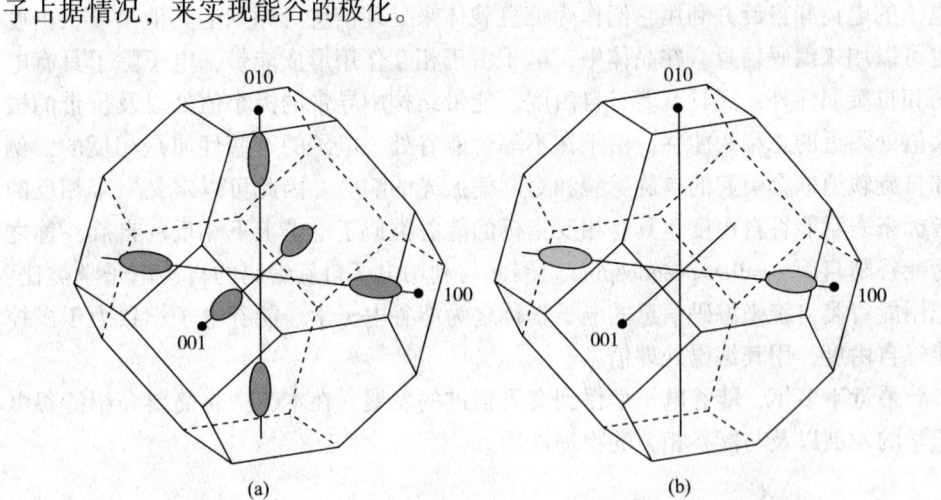

图 1.20 金刚石的体相能带结构示意图
（a）非常微弱电场下，电子等价地占据了沿着（100，010，001）三个方向上的能谷；
（b）在（100）方向加较强电场，在平行于外电场方向产生能谷极化的电子

（2）以 graphene、silicene、germanene 为代表的二维 Dirac 材料

普通能谷电子学材料简并度太高，这给能谷极化电流的产生带来很大困难，二维 Dirac 材料具有蜂窝状的晶格结构，由两个子晶格构成，由于维度的降低，结构较为简单，更重要的是，布里渊区的高对称点 K 和 K' 处天然存在两个简并但不等价的能谷，这给能谷电子学的研究提供了很好的平台。研究工作者们寻找不同的方法来实现石墨烯能谷的极化，并设计制备能谷极化的电子器件。如通过将大片石墨烯切割成具有不同边界的纳米带。Rycerz 等人采用锯齿形结构的石墨烯纳米带设计了能谷过滤器件，电子只能从某个能谷通过。将两个能谷过滤器平行排列，还可以构成能谷阀门，通过控制电子隧穿效应的电极还可以得到能谷极化的电流。常凯等人也运用纳米带设计了相似的器件。但是这些纳米带必须具有精确的扶手形边界，因为只有锯齿形纳米带的两个能谷是独立的，而扶手形纳米带由于能带的折叠、高对称点重

合，能谷之间进行了耦合。除此之外，杂质和缺陷的存在，也阻碍了能谷过滤器的广泛应用。后来，Gunlycke 等人在理论上预言了线缺陷的能谷过滤器。实验上验证可以通过电场来调节存在线缺陷的能谷电流。常凯等人还运用应变产生了高度能谷极化的电流。

以上方法都是运用外场来实现对材料能谷的调控，但是对于材料能谷的内禀特性的研究中最出色的是牛谦等人的工作，他们首次提出通过不同能谷的贝里曲率和轨道磁矩对能谷进行描述。他们认为操控能谷，首先需要提出一个与能谷相关的可测量的物理量。类比于自旋，自旋向上和自旋向下分别由大小相反的磁矩来描述和加以区别。位于 K 和 K' 能谷处的电子，可以认为是能谷(赝自旋)向上和能谷(赝自旋)向下。这个物理量必须具备这样的特性：区别能谷，并且使得能谷与磁场进行耦合，即通过磁化来探测能谷的性质。而贝里曲率可以被认为是参数空间的一个有效的磁场，在晶体中，一个自然存在的参数空间便是 k 空间，因此布洛赫态具有贝里曲率。非零的贝里曲率可以使电子的运动发生改变，能使体系表现出一些奇特的输运性质，比如与自旋霍尔效应类似的能谷霍尔效应等，这些效应使得我们可以通过电场或者磁场来产生和探测能谷的极化，运用能谷自由度来储存和处理信息。既然要用它来对能谷进行区别，那么贝里曲率在不同的能谷处就应该具有不同的数值，而在这些体系中的两个能谷都是由时间反演对称性相联系的，因此这个物理量在时间反演对称性条件下应该具有奇宇称。如果一个体系既具有时间反演对称性，又具有空间反演对称性，那么体系贝里曲率只能为零。因此要想实现与自旋类似的能谷电子学现象，需要打破体系的时间反演对称性或者空间反演对称性。

2007 年，牛谦等在 AB 堆垛的双层石墨烯的垂直平面方向施加电场，打破了体系的空间反演对称性，同时也打开了石墨烯的带隙，在 K 和 K' 能谷处具有大小相反的贝里曲率和轨道磁矩，如图 1.21 所示。除此之外如图 1.22 (a)所示，通过施加面内电场来产生垂直电场方向的能谷极化的电流。同时还可以探测能谷极化引起的横向电压[图 1.22(b)]。在 2008 年，基于打破结构反演对称性的石墨烯模型，他们又在理论上提出对于电子的跃迁，能谷自由度符合光选择定则，即可以通过不同旋度的光来激发处于不同能谷的电子。如图 1.23 所示，右旋光只能激发处于 K_1 能谷处的电子，进而产生能谷极化的电流。能谷光选择定则使得运用特定极性的光子来激发产生特定能谷的电子-空穴对，那么当这个激子复合时就会发射出同样极性的光子，进而探测能谷的极化。

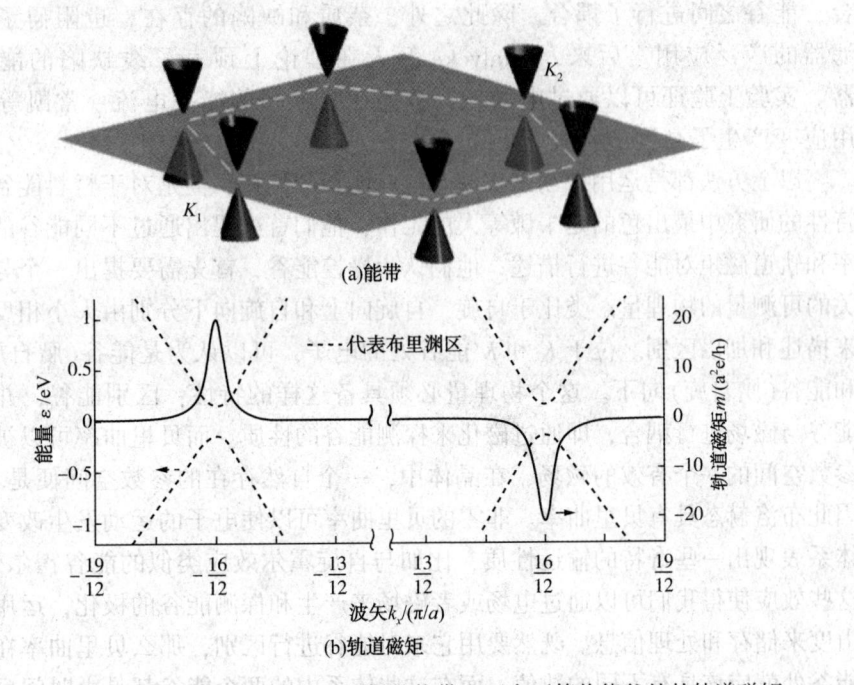

(a)能带

(b)轨道磁矩

图 1.21　打破空间反演对称性的石墨烯的能带和两个不等价能谷处的轨道磁矩

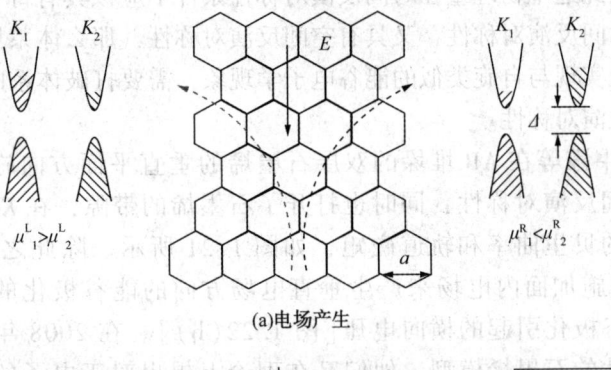

(a)电场产生

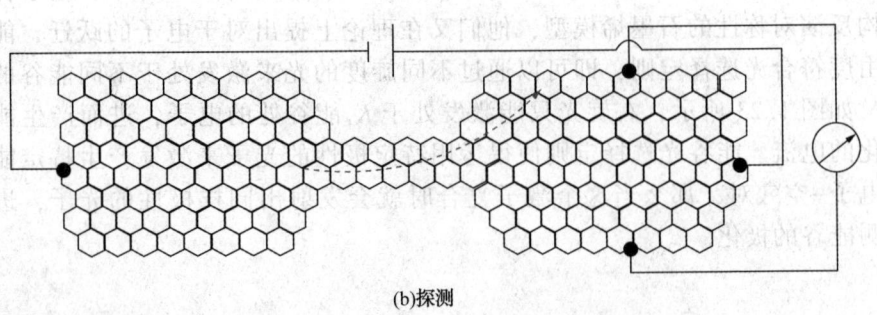

(b)探测

图 1.22　通过电场产生和探测能谷的极化

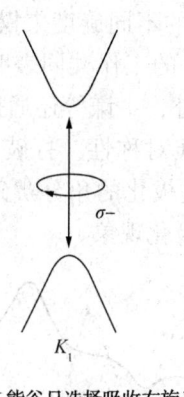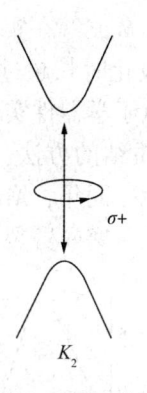

(a)在K_1能谷只选择吸收右旋光   (b)在K_2能谷只选择吸收左旋光

图 1.23　光学选择性示意图

（3）过渡金属硫族化合物 MX_2

过渡金属硫族化合物 MX_2，被认为是完美的能谷电子学材料，其中 M 代表 Mo、W，X 代表 S、Se、Te。石墨烯类材料具有结构简单、可实现能谷的极化的优点，但其无带隙的半金属性质制约其在能谷电子器件中的应用，近十多年，研究工作者们运用多种方法尝试打开石墨烯类材料的带隙，如施加电场、应变、掺杂、构造异质结等。但是打开的带隙仍然很小，导致一些能谷相关的现象很难在实验上观测到，这也给制造能谷电子器件带来困难。直到过渡金属硫族化合物的出现，能谷电子学不仅在理论上更加完善，而且在实验上也得到了很大的发展。

这类材料具有共同的特点，即体材料或者偶数层材料具有空间反演对称性。当将材料剥离为单层时，体系的空间反演对称性被打破，与此同时，体系的电子结构也发生改变，由体相的间接带隙转变为单层的直接带隙半导体，且带隙处于可见光波段。除此之外，它们具有与石墨烯类似的六角晶格结构，在它们的布里渊区中，由时间反演对称性相联系的高对称点 K' 和 K 处，也存在两个简并但不等价的能谷。基于这些性质，研究工作者对其进行了大量的研究。

2012 年，Cao 等人在理论上计算了单层二硫化钼价带和导带的贝里曲率 $\Omega_z(k)$，并通过密度泛函微扰理论计算了带间跃迁矩阵 $P^{cv}(k) = \langle \Psi_{ck} | \hat{P} | \Psi_{vk} \rangle$，进而计算了其能谷极化率：

$$\eta(k, \omega_{cv}) = \frac{|P_+^{cv}(k)|^2 - |P_-^{cv}(k)|^2}{|P_+^{cv}(k)|^2 + |P_-^{cv}(k)|^2} \tag{1.1}$$

公式(1.1)的具体说明请参照文献。如图 1.24 所示，在能谷 K 和 K' 处，价带和导带的贝里曲率均互为相反数。从图 1.25 中可看出二硫化钼具有完美的能谷光选择二色性。同时他们还在实验上探测到了圆偏振极化的光致发光，其极化

· 33 ·

率也达到 50%。Mak 等在实验上也实现了利用光的不同旋度来操控单层 MoS_2 的能谷的极化,极化时长超过 1 ns。Mak 与 Zeng 等的工作共同表明通过光来操控能谷以及能谷电子学器件实现的可能性。除此之外,牛谦等还通过将单层 $MoTe_2$ 与 EuO 构成异质结的方法,成功打破其时间反演对称性,打破了能谷的简并,产生能谷的极化。同年,Aivazian 等在实验上通过极化的角分辨磁性光致发光方法,观测到了能谷塞曼劈裂以及磁场调节的能谷极化现象。

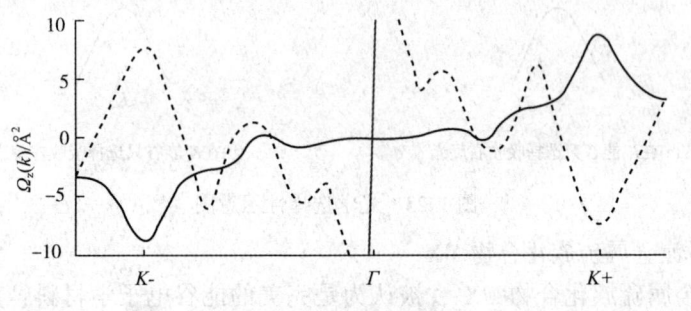

图 1.24 单层二硫化钼价带(实线)和导带(虚线)的贝里曲率

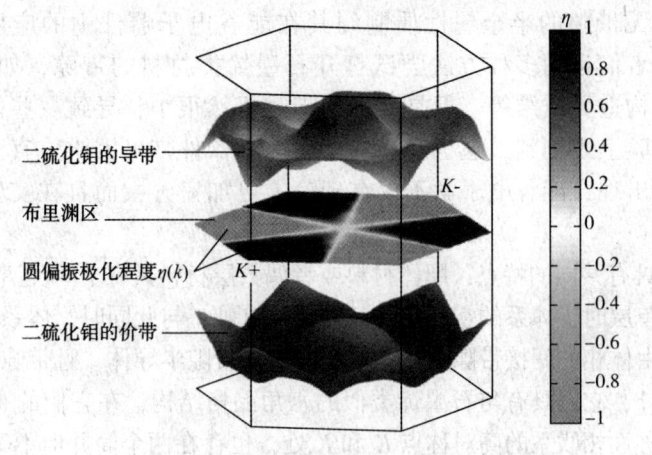

图 1.25 二硫化钼的能谷光选择二色性

2012 年,Feng Xiao 等的理论研究表明,单层的过渡金属硫族化合物,考虑自旋时,体系可以实现伴随着自旋霍尔效应的能谷霍尔效应。2014 年,Mak 等首次在实验上观测到能谷霍尔效应。考虑 SOC 后,不仅会出现能谷极化的自旋霍尔效应,而且原来的光选择定则不仅对能谷具有依赖性,而且对自旋也有依赖性。比如特定频率的 σ^+ 光只能激发 K 能谷处的自旋向上的电子。过渡金属硫族化合物均具有强烈的自旋轨道耦合作用,这主要是来源于处于中间的过渡金属元素的 d 轨道。当过渡金属硫族化合物由块体剥离变为单层后,体系由间接带隙转变为直接带隙,并且体系的空间反演对称性被打破,此时强烈的自旋轨道耦合使

· 34 ·

得体系的能带发生自旋劈裂。由于单层过渡金属硫族化合物具有镜面反演对称性，这使得布洛赫态与它的镜面反演态需要具有同样的能量值，而一个面内自旋矢量的镜面反演将会是它本身的相反值，因此自旋矢量只能垂直二维材料平面的方向，并且自旋态一个沿着正方向，一个沿着负方向。同时由于时间反演对称性的存在，对于任何一对处于动量空间的 k 和 $-k$，其自旋大小相等，但取向是相反的，即一个自旋向上，一个自旋向下，如图 1.26 所示。单层过渡金属硫族化合物在两个能谷处价带和导带自旋劈裂的大小如表 1.1 所示。从表中可以看出单层的过渡金属硫族化合物在能谷处的自旋劈裂是非常大的，最小的二硫化钼自旋劈裂也都达到了 148meV。强烈的自旋轨道耦合作用与时间反演对称性共同使得单层过渡金属硫族化合物在价带顶，即 K 和 K' 两个能谷处的自旋和能谷相互耦合和锁定，这样可以通过能谷光选择定则来选择激发不同自旋的电子，同时由于两个能谷之间动量间隔较大，能谷之间的散射同时也需要自旋的翻转，难以发生，因此自旋和能谷的锁定为自旋极化和能谷极化加强了保护。

除此之外，2013 年，Gong 等在理论上提出，双层 TMDs 可以实现自旋、能谷和层赝自旋之间的锁定。层赝自旋是指电子态局域与材料的上一层或者下一层，分别对应着层赝自旋向上或者向下。这三者相互锁定，对于给定的能谷，不仅可以激发特定自旋的电子，还可以激发材料特定层的电子。在实验上，Jones 等于 2014 年在双层的 WSe_2 上验证了这一结果。

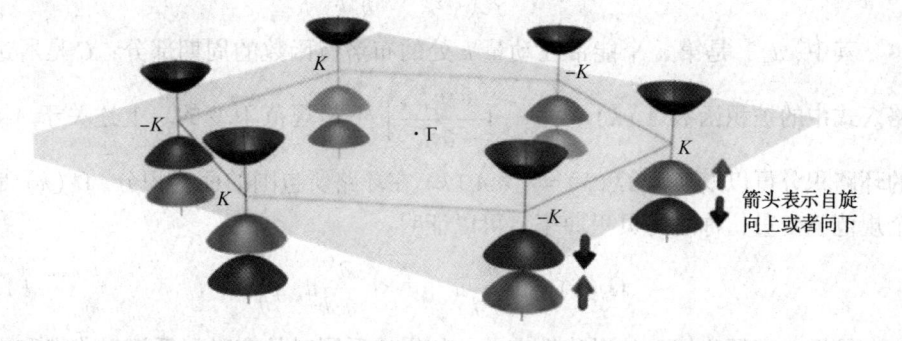

图 1.26　考虑自旋的单层 MoS_2 的能带结构带边示意图

表 1.1　单层过渡金属硫族化合物价带和导带的自旋劈裂大小

	Δ^v_{soc}/eV			Δ^c_{soc}/eV
	GGA	HSE[108]	GW[108]	GGA[100]
MoS_2	0.148,[100,106]　0.146[108]	0.193	0.164	−0.003
WS_2	0.430,[100]　0.426,[106]　0.425,[108]	0.521	0.456	0.029
$MoSe_2$	0.184,[100]　0.183,[106,108]	0.261	0.212	−0.021
WSe_2	0.466,[100]　0.456,[106]　0.461,[108]	0.586	0.501	0.036

1.3.2 能谷相关的物理性质

随着各种新型六角晶格二维材料的出现，能谷电子学得到了很大的发展，理论上对能谷相关的物理性质的研究越来越深入，在实验中也观察到了理论预言的能谷相关的各种物理现象。下面对能谷相关的物理性质做简单介绍。

能谷相关的物理与贝里相密切相关。假设一个系统的哈密顿算符依赖于参数 R，当 R 缓慢变化时，系统随 R 演化。贝里发现当 R 在参数空间沿一个闭合回路绕回到起始点时，系统的波函数和初始的相比，会累积一个相位差，称为贝里相或几何相。贝里相只与参数空间的拓扑性质和 R 回路的绕数有关，而不是参数 R 的函数，所以不能通过与 R 相关的规范变换来消除。贝里相的影响可以通过宏观效应显现出来，例如 Aharonov – Bohm（AB）效应。在晶体中，Bloch 哈密顿算符是依赖于倒格矢 k 的，也就是说 k 是 $H(k)$ 的参数。当参数 k 在布里渊区的一个回路变化时，Bloch 波函数也随之演化，当 k 沿回路回到起点时，Bloch 波函数会获得一个贝里相。在能谷电子学材料中，与能谷相关的物理性质都与贝里相有深刻联系。

在固体中，贝里相的定义是：

$$\gamma_n(C) = i\oint_C \left(u_{n,k} \mid \frac{\partial u_{n,k}}{\partial k} \right) \mathrm{d}k \tag{1.2}$$

其中，$u_{n,k}$ 是第 n 个能带在动量 k 处的布洛赫函数的周期部分；C 是所选回路。式中的被积函数 $A_n(k) = \left(u_{n,k} \mid \dfrac{\partial u_{n,k}}{\partial k} \right)$ 不是规范不变的。上述关于 $A_n(k)$ 的环路积分可以变换为 $\Omega_n(k) = \nabla \times A_n(k)$ 在环路所包围的面上积分。$\Omega_n(k)$ 是一个规范不变量，称之为贝里曲率。可以证明：

$$\Omega_n(k) = i\left(\frac{\partial}{\partial k} u_{n,k} \mid \times \mid \frac{\partial}{\partial k} u_{n,k} \right) \tag{1.3}$$

贝里曲率还与体系的对称性有关，如果体系同时具有时间反演对称性和空间反演对称性，那么贝里曲率为零。为了得到与贝里相相关的物理性质，就必须至少打破其中一种对称性。

在固体中的贝里相相关物理中，$A_n(k)$ 和 $\Omega_n(k)$ 相当于 k 空间的矢势和磁场，它们会对电子的运动施加可见的影响。其中一个现象就是能谷霍尔效应。考虑一个处在非简并的能带 n 上的电子的运动，常规的固体物理给出的电子半经典运动速度是 $\dot{r} = \partial E_{n,k}/(\hbar\partial k)$。考虑贝里曲率的影响，可以证明，在原来的速度项基础上还要附加一个与贝里曲率有关的项：

$$\dot{r} = \frac{1}{\hbar}\frac{\partial E_{n,k}}{\partial k} - \dot{k}\times\Omega_{n,k}, \quad \hbar\dot{k} = -eE - e\dot{r}\times B \stackrel{\mathrm{if}B=0}{=} -eE \qquad (1.4)$$

式中　$E_{n,k}$——第 n 个能带在 k 点处的能量色散关系；

$\quad\quad\ \Omega_{n,k}$——第 n 个能带在 k 点处的 Berry 曲率；

$\quad\quad\ k$——电子波包的动量；

$\quad\quad\ r$——电子波包的位置；

$\quad\quad\ E$——外电场；

$\quad\quad\ B$——磁场。

当施加电场时($B=0$)，电子沿着电场方向的动量会发生改变 $\hbar\dot{k} = -eE$。如果贝里曲率不为零，$\dot{k}\times\Omega_{n,k}$ 项会引起一个垂直电场方向的横向运动。对于具有六角结构的二维能谷电子学材料，在不等价能谷处的贝里曲率 $\Omega_{n,k}$ 不为零且符号相反。这样如果在二维平面内施加电场，不等价能谷处的载流子会在垂直电场方向上产生相反的横向电流，即能谷霍尔电流，使不等价能谷处的载流子发生空间分离，如图 1.27 所示。

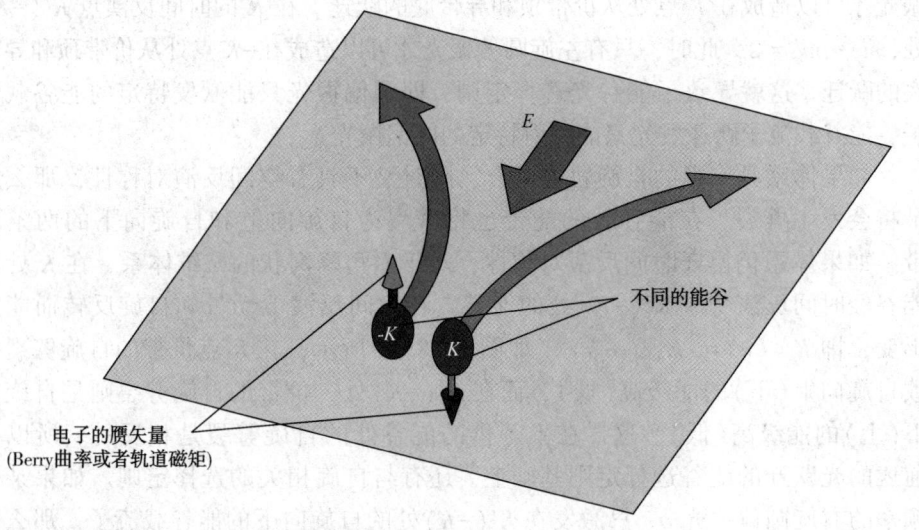

图 1.27　能谷霍尔效应示意图

具有六角蜂窝结构的能谷电子学材料的另一个重要性质是能谷光选择定则。此类材料具有 C_3 旋转对称轴，在 K 和 K' 处的波矢群是 C_{3h}，其生成元是 C_3 和 σ_h。C_{3h} 群是可交换的阿贝尔群，只有一维不可约表示，所以 Bloch 波函数作为 C_3 和 σ_h 的本征函数是非简并的。设 Ψ_v 和 Ψ_c 在是 K 点处价带顶和导带底的 Bloch 波函数，那么：

$$C_3\,|\,\psi_a\rangle = \exp(-j2\pi m_a/3)\,|\,\psi_a\rangle, \quad a = c, v \qquad (1.5)$$

式中 m_a——轨道的磁量子数。

圆偏振光的跃迁矩阵元 M_{cv} 是：

$$M_{cv} = \langle \psi_c \mid \hat{P}_\pm \mid \psi_v \rangle, \quad \hat{P}_\pm = \hat{P}_x \pm i\hat{P}_y \tag{1.6}$$

式中 $\hat{P}_x$——x 方向的动量算符；

$\hat{P}_y$——y 方向的动量算符；

"+"号——左旋偏振光；

"−"号——右旋偏振光。

在旋转算符 C_3 算符作用下 $\hat{P}_\pm$ 满足 $C_3 \hat{P}_\pm C_3^{-1} = \exp(\mp j2\pi/3)\hat{P}_\pm$，因此

$$M_{i,f} = \langle \psi_f \mid \hat{P}_\pm \mid \psi_i \rangle = \langle \psi_f \mid C_3^{-1} C_3 \hat{P}_\pm C_3^{-1} C_3 \mid \psi_i \rangle$$

$$= \exp[j2\pi(m_f - m_i \mp 1)/3] \langle \psi_f \mid \hat{P}_\pm \mid \psi_i \rangle \tag{1.7}$$

这要求 $\exp[j2\pi(m_f - m_i \mp 1)/3] = 1$，即 $(m_f - m_i \mp 1)$ 是 3 的整数倍。

对于 TMD，在 K 点处的价带顶和导带底有 $m_f - m_i = -2$，所以只有右旋圆偏振光才可以造成在 K 点处从价带顶和导带底的跃迁。在 K 的时间反演点 $K'(-K)$ 处，$m_f - m_i = 2$，此时，只有左旋圆偏振光才可以造成在 $-K$ 处从价带顶和导带底的跃迁。这就导致了能谷光选择定则，即圆偏振光只能激发特定的能谷载流子，能谷载流子跃迁发光只能发射特定的圆偏振光。

如果体系具有强的自旋轨道耦合，同时又不具有空间反演对称性，那么能带将会发生劈裂。在能谷处的能带也将劈裂为自旋向上和自旋向下的两条能带。如果体系仍遵守时间反演对称性，对于六角蜂窝状的二维体系，在 K 处的能谷经时间反演变成 $K'(-K)$ 处的能谷。在时间反演下动量和自旋反转而能量不变，即 $E_{n\uparrow}(k) = E_{n\downarrow}(-k)$。如图 1.28(b) 所示，在 K 点价带的自旋劈裂导致自旋向上(下)的能级高(低)，而在 $K'(-K)$ 处，价带的自旋劈裂则是自旋向下(上)的能级高(低)。这样在不等价的能谷处的自旋劈裂是相反的。所以在前述的光跃迁的能谷选择定则基础上，还有与自旋相关的选择定则。如果某一频率的右旋圆偏振光 σ^- 只激发在 $K'(-K)$ 处的自旋向下的能谷载流子，那么同一频率的左旋偏振光 σ^+ 只激发在 K 处的自旋向上的载流子，如图 1.28(b) 所示。所以能谷极化伴随着自旋极化，能谷和自旋这两个量子自由度是相互锁定的。这种现象在单层过渡金属硫族化合物得到验证。在面内电场的作用下，由于不等价能谷处 Berry 曲率的相反，具有不同能谷自由度的载流子会移动到材料相反的边缘。伴随着具有不同能谷自由度的载流子的分离，由于能谷和自旋的锁定，自旋在材料同一边缘相同而在相反边缘相反。由此可以同时产生能谷霍尔电流和自旋霍尔电流。

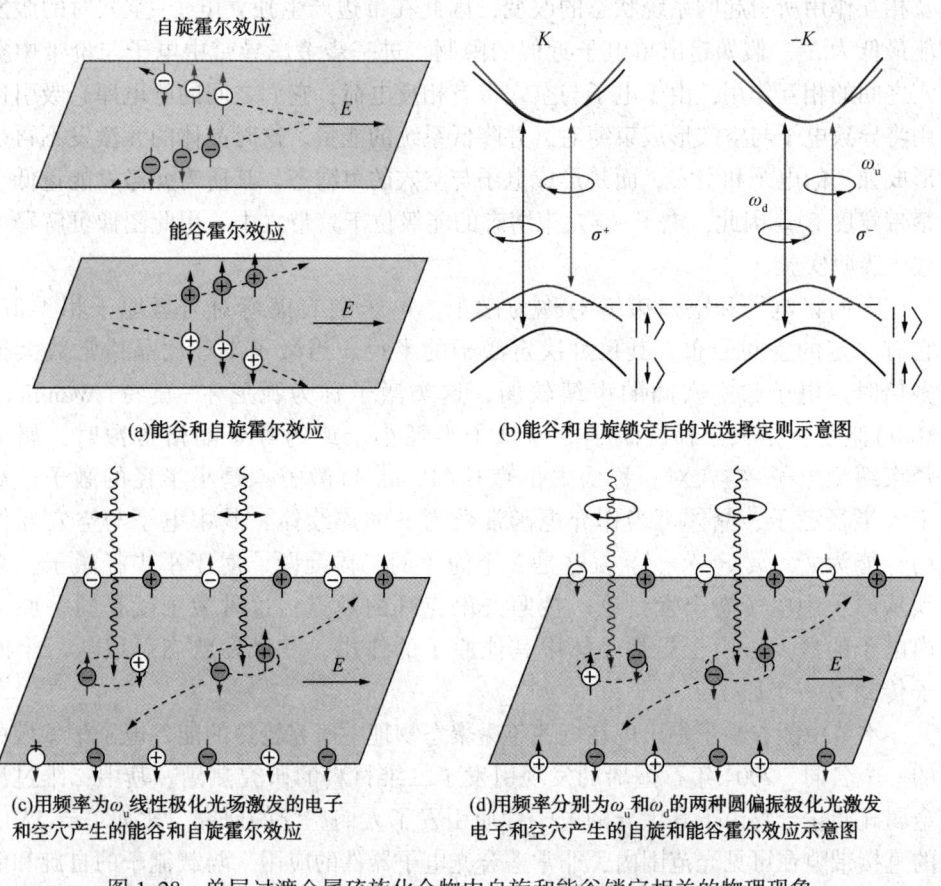

(a)能谷和自旋霍尔效应　　　　　　　　(b)能谷和自旋锁定后的光选择定则示意图

(c)用频率为ω_{u}线性极化光场激发的电子　　　(d)用频率分别为ω_{u}和ω_{d}的两种圆偏振极化光激发
和空穴产生的能谷和自旋霍尔效应　　　　电子和空穴产生的自旋和能谷霍尔效应示意图

图 1.28　单层过渡金属硫族化合物中自旋和能谷锁定相关的物理现象

注：在 K 能谷的电子和空穴分别用⊖和⊕表示，在 $-K$ 能谷的电子和空穴用⊖和⊕表示。

1.3.3　能谷激子简介

激子(Excitons)概念是研究绝缘晶体和半导体的光吸收过程时提出的。人们发现，当入射光子能量略低于禁带宽度 E_{g} 时，这类晶体的吸收(或反射)光谱中会出现某种结构。这一事实说明存在着 $E < E_{g}$ 的激发态，即在禁带中出现了新的激发能级。但是能带论说明，纯净的绝缘晶体的基态是由填满的价带和全空的导带所组成的，只有当激发能 E 大于等于 E_{g} 时才能激发准粒子，这时在导带中将产生一个电子，价带中将出现一个空穴，它们是独立运动的。显然，在禁带中不存在电子或空穴的许可状态。因此，能带论不能说明上述实验事实。由于能带论是建立在单电子近似基础上的理论，在能带图像中忽略了准粒子间的相互作用以

· 39 ·

及相互作用所引起的系统状态的改变，因此在带边产生独立电子-空穴对的激发能最低为 E_g。假如超出单电子近似的限制，进一步考虑导带中电子与价带中空穴之间的相互作用，由于电子与空穴带有相反电荷，它们之间的静电库仑吸引作用将导致电子与空穴形成束缚对，并降低系统的能量。这时晶体的元激发不再是形成独立的电子和空穴，而是形成电子与空穴的束缚态，其所需元激发能量低于禁带宽度 E_g。因此，电子-空穴束缚态的能级位于禁带之中，用此图像可解释上述光吸收实验。

人们将电子和空穴束缚对称为激子。电子空穴束缚对与氢原子相类似，它有一定的空间分布，其尺寸决定激子的半径。当激子半径比晶格常数大很多倍时，电子与空穴间的束缚较弱，这类激子称为瓦尼尔-莫特(Wannier-Mott)激子，是大半径的激子。当激子半径小于或约等于晶格常数时，属于紧束缚型电子-空穴对，称为夫伦克耳(Frenkel)激子，是小半径的激子。对于大半径激子，晶体可当作介电函常数为 ε 的连续体，其中电子与空穴互作用势能为 $e^2/(\varepsilon|r_e - r_h|)$，这是一个简单的二体问题。对于小半径激子，必须从原子中电子态出发讨论。按照夫伦克耳的观点，这种激子就是同一原子内电子的激发。由于受到晶体中其他原子的作用，其激发状态可以从一个原子传到另一个原子。

本节中能谷激子是出现在近些年凝聚态物理中研究较热的能谷电子学领域中的一个名词。2004 年石墨烯的发现引发了二维材料的研究热潮。其中二维过渡金属硫族化合物由于其优异的电子性质引发了人们广泛的研究。比如单层 TMDs 的直接带隙在可见光范围内，非常适合光电子器件的应用。与载流子的自旋和能谷相关的物理性质说明 TMDs 在基于这些量子自由度的电子学方面也具有潜在的应用价值。此外，由于它们的结构特性以及较大的电子和空穴有效质量，处于价带的电子被激发后留下的空穴与激发到导带的电子之间具有强烈的库仑相互作用，可形成激子。通过带间的跃迁，激子与光子之间可以相互转换，所以激子在光电子学现象中具有非常重要的位置。激子还可以通过捕获一个额外的电子或者空穴形成带正电和负电的三激子。如果构成激子的空穴和电子处于过渡金属硫族化合物的能谷处，则称之为能谷激子。近几年，能谷电子学研究较热，能谷激子也是其中的一个热门研究方向。

二维 TMDs 在能谷电子学方面表现非常优异，该材料中能谷激子的构型也有多种，如图 1.29 所示。如果电子和空穴位于同一个能谷，且具有相反的自旋，这种激子称为明激子。这类激子在电子和空穴复合过程中可以发射光子，同时复合过程也满足自旋和动量的守恒。有趣的是，单层 TMDs 中电子的跃迁还符合能谷光选择定则，因此明激子的能谷构型还直接对应了发射或者形成时吸收圆偏振

1 绪 论

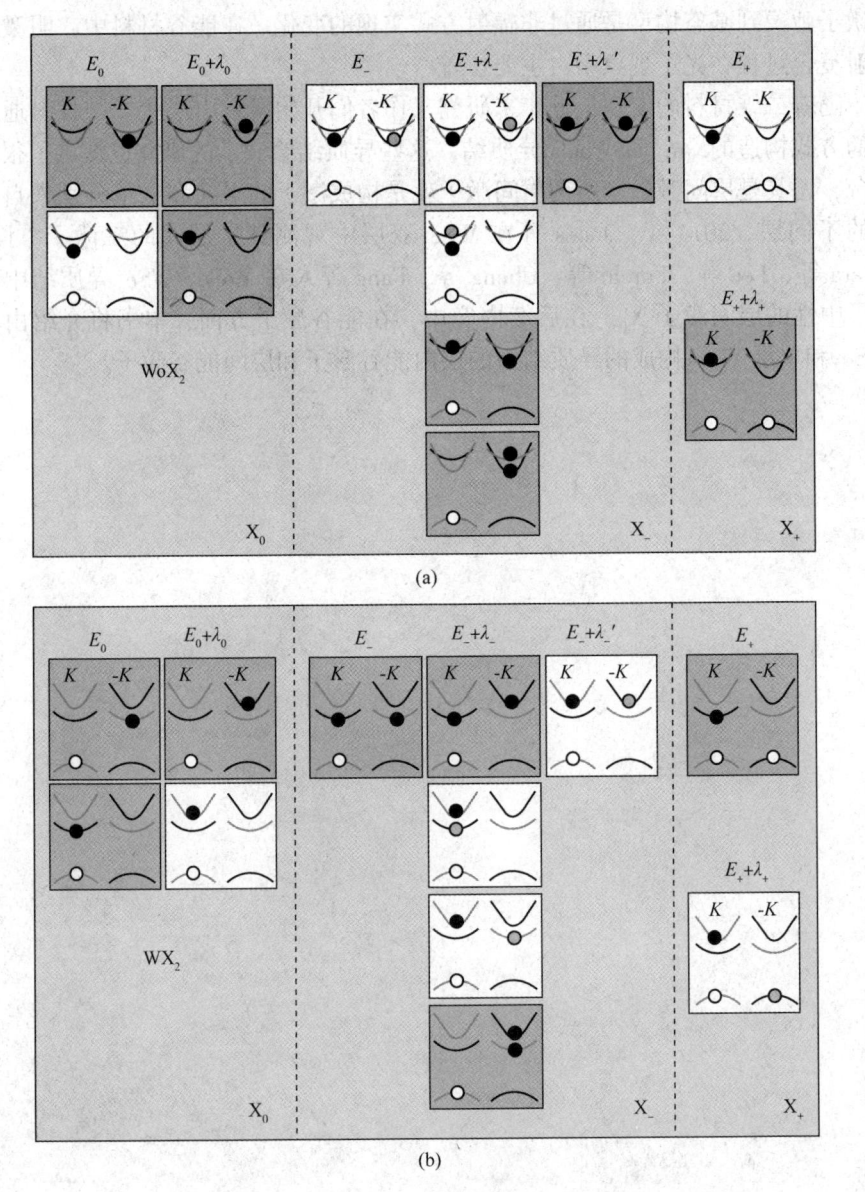

图 1.29　能谷激子构型图

空心(实心)圆点代表空穴(电子)，浅色(深色)线条代表自旋向上(向下)

光的极性。最近几年在 TMDs 材料中发现了很多能谷激子相关的新奇现象，比如自旋-层之间的锁定、TMDs 双层中层间与层内激子、三激子的能谷霍尔效应、能谷塞曼劈裂等。如果电子和空穴位于同一个能谷，且具有相同的自旋，这种激子称为暗激子。与明激子相比，暗激子的寿命更短。同时，与明激子不同的是这

· 41 ·

种激子弛豫到基态构型是通过非辐射方式实现的变化。在能谷材料中，明激子的辐射复合过程在光子现象中占主要位置。

随着二维材料的发现，近年来研究工作者们开始研究由层状二维材料通过堆垛的方式构造的 van der Waals 异质结。这些异质结给激子的研究也提供了很好的平台，尤其是层间激子。所谓层间激子就是构成激子的空穴和电子分别来自异质结的不同层。2014 年，Jones 等在 WSe_2 双层中观测到了层间的三激子。同年，Rivera 等、Lee 等、Furchi 等、Cheng 等、Fang 等人在 $MoSe_2/WSe_2$ 异质结中观测到了中性的层间激子 X_0。在后续内容中，在能谷激子方面，本书将介绍由单层 $MoSe_2$ 和单层 WSe_2 构成的异质结中的层内能谷激子和层间能谷激子。

理论方法与计算软件 ②

2.1 第一性原理方法与密度泛函理论

第一性原理方法与分子动力学方法以及格林函数方法、蒙特卡罗方法是目前被广泛应用于计算凝聚态物理中的模拟方法。其中的第一性原理方法又可以称为从头算方法，这是因为这种方法可以在不使用任何已知经验参数的情况下，仅仅通过运用材料的晶格常数、元素种类以及一些已知的物理常量，比如电子(质子、中子)质量、电子电荷、光速、玻尔兹曼常量等，然后根据已知的基本物理原理来计算出材料的基态结构以及各种基本的性质。而在实际的计算情况中，物质是由无数的原子核和电子构成，也就是说每一种材料都是一个多粒子体系，要想根据多粒子的薛定谔方程来求解得到材料的电子结构以及基态的性质，在没有经验参数以及简化近似的情况下几乎是不可能做到的。多年来，科学研究工作者们为解决这一问题总结了一些近似和简化的方法和理论。第一个简化方法就是绝热近似，也称为 Born-Oppenheimer 近似，该近似的主旨思想是将材料原子核的运动与电子的运动分开，由于原子核的质量是电子质量的一千倍以上，因此体系的波函数可表达为电子的波函数与原子核的波函数的乘积，将二者的运动分开考虑，体系性质的计算得到大大的简化。第二个简化是在第一个近似的基础上进一步将多电子系统的计算简化为单电子系统的计算，称为哈特利-福克(Hartree-Fock)近似。第三个简化即是在哈特利-福克近似的基础上发展的一种计算结果更加精确，也更加简单的理论，称为密度泛函理论。这种简化主要是在上一种的基础上考虑了电子与电子之间的交换能和关联能，因此更加准确地描述了电子与电子之间的相互作用，使得计算的结果更加精确。看似第一性原理方法有这样的三种近似，而在计算凝聚态物理的实际应用中运用最多的就是密度泛函理论，因此可以认为现在的第一性原理方法是基于密度泛函理论的一种方法。密度泛函理论已经是目前在材料物理计算以及量子化学计算中应用最为广泛，也是最有效，计算结果最精确的方法之一。

2.1.1 多体系统哈密顿量

在计算凝聚态物理中，不论是计算材料的何种性质，必须要做的就是求解体系的薛定谔方程。而各种固体材料都是由无数的原子核和电子构成，这种多粒子体系的薛定谔方程可表示为：

$$\hat{H}\Psi(\vec{r},\ m_s,\ \vec{R}) = E\Psi(\vec{r},\ m_s,\ \vec{R}) \tag{2.1}$$

式中 $\vec{r}$ ——电子的位置坐标；

  m_s ——粒子的质量；

  $\vec{R}$ ——原子核的位置坐标；

  $\hat{H}$ ——多粒子系统的哈密顿量；

  Ψ ——电子的波函数。

如果体系不受其他外场的影响，那么哈密顿量还可以表达为：

$$H = H_e + H_N + H_{e-N} \tag{2.2}$$

式中 H_e ——体系电子的动能与势能；

  H_N ——原子核的动能与势能；

  H_{e-N} ——电子和原子核之间的相互作用能。

除此之外，体系哈密顿量还可以写为体系的动能与势能之和：

$$\hat{H} = T + \hat{V} = -\sum_{A=1}^{N}\frac{1}{2M_A}\nabla_A^2 - \sum_{i=1}^{n}\frac{1}{2}\nabla_i^2 + \sum_{A<B}^{N}\sum^{N}\frac{Z_AZ_B}{|\vec{R}_A - \vec{R}_B|} +$$

$$\sum_{i<j}^{n}\sum^{n}\frac{Z_AZ_B}{|\vec{r}_i - \vec{r}_j|} - \sum_{A=1}^{N}\sum_{i=1}^{n}\frac{Z_A}{|\vec{r}_i - \vec{R}_A|} \tag{2.3}$$

式中 Z_A ——原子的原子序数；

    M_A ——原子核的质量，

  $-\sum_{A=1}^{N}\frac{1}{2M_A}\nabla_A^2$ ——原子核的动能；

  $-\sum_{i=1}^{n}\frac{1}{2}\nabla_i^2$ ——电子的动能；

  $\sum_{A<B}^{N}\sum^{N}\frac{Z_AZ_B}{|\vec{R}_A - \vec{R}_B|}$ ——原子核与原子核之间的静电能；

  $\sum_{i<j}^{n}\sum^{n}\frac{Z_AZ_B}{|\vec{r}_i - \vec{r}_j|}$ ——电子与电子之间的静电能；

  $-\sum_{A=1}^{N}\sum_{i=1}^{n}\frac{Z_A}{|\vec{r}_i - \vec{R}_A|}$ ——原子核与电子之间的相互作用能。

2.1.2 绝热近似理论——Born-oppenheimer 近似

通过将上节中的式(2.3)代入式(2.1)，求解薛定谔方程，得到体系的基态性质。但是由于粒子数太多，导致体系自由度过多使得求解异常得困难。而绝热近似理论的提出是由于认识到原子核的质量与电子的质量相比大了很多，因此在原子核与电子的相互作用中，原子核具有的动能要比电子具有的小很多。这个动能的差距使得电子好像运动在原子核不存在的一个势场中，即处理电子运动时，原子核可以被认为在其平衡位置附近做振幅非常小的振动，而同时原子核也感觉不到电子的存在，即不需要考虑电子的分布和电子对其产生的影响，只是能受到作用力。因此使得原子核的运动与电子的运动分开，这样整个计算就大为简化。

根据绝热近似，多粒子体系的薛定谔方程的解可以写成：

$$\Psi_n(\vec{r}, \vec{R}) = \Psi_e \cdot \Psi_N \tag{2.4}$$

式中　Ψ_e——电子的波函数；

　　　Ψ_N——原子核的波函数。

因此对于电子来说则有：

$$\hat{H}_e \Psi_e = E_e \Psi_e \tag{2.5}$$

其中，

$$\hat{H}_e = \hat{T}_e(\vec{r}) + \hat{V}_{ee} + \hat{V}_{Ne} \tag{2.6}$$

式中　$\hat{T}_e(\vec{r})$——电子的动能；

　　　$\hat{V}_{ee}$——电子与电子之间的势能；

　　　$\hat{V}_{Ne}$——原子核与电子之间的势能。

要求解的薛定谔方程可以写为：

$$H_0 \Psi_n(\vec{r}, \vec{R}) = E_n \Psi_n(\vec{r}, \vec{R}) \tag{2.7}$$

不考虑外部磁场、电场等外场对体系的作用时，式中的 H_0 即可表示成式（2.2）的形式，将其与式（2.4）一起带入式（2.5）中，可得：

$$[\hat{T}_e(\vec{R}) + \hat{T}_e(\vec{r}) + \hat{V}_{NN} + \hat{V}_{ee} + \hat{V}_{Ne}] \Psi_e \cdot \Psi_N = E\Psi_e \cdot \Psi_N \tag{2.8}$$

式中　$\hat{V}_{NN}$——原子核与原子核之间的势能。

式（2.8）进一步简化可得到：

$$[\hat{T}_N(\vec{R}) + E_e + \hat{V}_{NN}] \Psi_e \cdot \Psi_N = E\Psi_e \cdot \Psi_N \tag{2.9}$$

由于 $\hat{T}_N(\vec{R})$ 对于波函数 Ψ_e 来讲就是一个常数，因此它们有对易的关系，因此式（2.9）可简化为：

$$[\hat{T}_e(\vec{R}) + E_e + \hat{V}_{NN}] \Psi_N = E\Psi_N \tag{2.10}$$

这被认为是原子核的运动方程。

波恩-奥本海默近似明显地降低了计算的难度，其在研究分子结构以及凝聚态物理、量子化学领域得到了广泛的应用。

2 理论方法与计算软件

2.1.3 Hohenberg-Kohn 定理以及 Kohn-sham 方程

在绝热近似的基础上发展起来的哈特利-福克近似将上述的多粒子体系转化成了电子体系，使得计算进一步简化。而本节要讲的密度泛函是建立在 Hohenberg-Kohn 定理上的，来源于费米和托马斯在 1927 年提出的 Thomas-Fermi 模型，在他们的工作中仅仅考虑了电子与电子之间的相互作用，他们认为体系的能量泛函公式可以表达为：

$$E_{TF}[\rho(\vec{r})] = C_F \int \rho^{5/3}(\vec{r})\,\mathrm{d}\vec{r} - z \int \frac{\rho(\vec{r})}{\vec{r}}\mathrm{d}\vec{r} + \frac{1}{2}\iint \frac{\rho(\vec{r}_1)\rho(\vec{r}_2)}{|\vec{r}_1 - \vec{r}_2|}\mathrm{d}\vec{r}_1\mathrm{d}\vec{r}_2$$

(2.11)

几十年后，P. Hohenberg 和 W. Kohn 在完善了 Thomas-Fermi 模型的基础上，又提出了关于非均匀电子气的理论，他们认为密度泛函理论可以归结为两个定理。

定理一：体系的外在势场 $V(\vec{r})$ 是粒子数密度 $\rho(\vec{r})$ 的唯一确定的泛函，反之亦成立。 可以理解为体系的能量是粒子数密度的函数，当知道粒子数密度后，即可通过能量的泛函来确定体系的外势场以及基态能量和波函数，那么基态的其他电子性质也得以求解。体系的能量泛函可以表示为：

$$E[\rho(\vec{r})] = T(\rho) + V_{Ne}(\rho) + V_{ee}(\rho) = \int \rho(\vec{r})\nu(\vec{r})\,\mathrm{d}\vec{r} + F_{HK}[\rho(\vec{r})]$$

(2.12)

其中

$$F_{HK}[\rho(\vec{r})] = T[\rho(\vec{r})] + V_{ee}[\rho(\vec{r})]$$

(2.13)

式中　　　T——体系中电子动能对粒子数密度的泛函；

V——电子与电子之间的相互交换作用能，是粒子数密度的泛函，代表外部作用能；

$F_{HK}[\rho(\vec{r})]$——电子的动能与电子之间相互交换能之和，与外部作用无关。对于大多系统都是成立的。

$$V_{ee}[\rho(\vec{r})] = J[\rho(\vec{r})] + E_{ncl}[\rho(\vec{r})]$$

(2.14)

其中 $J[\rho(\vec{r})]$ 是电子与电子之间经典的排斥能，可表达为：

$$J[\rho(\vec{r})] = \frac{1}{2}\int \frac{1}{r_{12}}\rho(\vec{r}_1)\rho(\vec{r}_2)\,\mathrm{d}\vec{r}_1\mathrm{d}\vec{r}_2$$

(2.15)

而 $E_{ncl}[\rho(\vec{r})]$ 为非经典项，它代表电子与电子之间的交换关联能：

$$E[\rho(\vec{r})] = \int \rho(\vec{r})\nu(\vec{r})\,\mathrm{d}\vec{r} + T[\rho(\vec{r})] + J[\rho(\vec{r})] + E_{xc}[\rho(\vec{r})] \quad (2.16)$$

·47·

定理二：能量泛函 $E[\rho(\vec{r})]$ 在粒子数不变的条件下对正确的粒子数密度函数 $\rho(\vec{r})$ 取极小值，等于基态能量。即在 $F_{HK}[\rho(\vec{r})]$ 已知的情况下，根据变分法就可以得到基态能量。

$$\delta\left\{E[\rho(\vec{r})] - \mu\left[\int\rho(\vec{r})\mathrm{d}\vec{r} - N\right]\right\} = 0 \qquad (2.17)$$

简化可得：

$$\mu = \frac{\delta E[\rho(\vec{r})]}{\delta\rho(\vec{r})} = \frac{\delta\{T[\rho(\vec{r})] + V_{ee}[\rho(\vec{r})]\}}{\delta\rho(\vec{r})} + \nu[\rho(\vec{r})] \qquad (2.18)$$

以上所述是 Hohenberg-Kohn 定理的主要思想，但是具体到实际的计算过程，要想求出体系的基态能量，首先要有 $\rho(\vec{r})$ 和 $T[\rho(\vec{r})]$。在 1967 年，Kohn 和 Sham 两人提出了 Kohn-Sham 方程，提出 $\rho(\vec{r})$ 和 $T[\rho(\vec{r})]$ 的近似解。将式 (2.15) 带入式 (2.16) 有：

$$E[\rho(\vec{r})] = \underbrace{\int\rho(\vec{r})\nu(\vec{r})\mathrm{d}\vec{r}}_{①} + \underbrace{T[\rho(\vec{r})]}_{②} + \underbrace{\frac{1}{2}\int\frac{1}{r_{12}}\rho(\vec{r}_1)\rho(\vec{r}_2)\mathrm{d}\vec{r}_1\mathrm{d}\vec{r}_2}_{③} + \underbrace{E_{xc}[\rho(\vec{r})]}_{④}$$

$$(2.19)$$

式中　①——局域势；

　　　②——动能；

　　　③——电子间的库伦排斥作用；

　　　④——电子间的交换关联作用。

而②和④这两部分仍然是未知数。而 Kohn 和 Sham 将其中的动能部分分为两部分，一部分认为电子与电子之间没有相互作用时的电子的动能，这一部分是已知的，另一部分是将动能中电子与电子之间的作用引起的动能变化的这一部分动能归入到交换关联作用中。因此，复杂的多电子问题就转化成了单电子问题，将问题大大简化，可以用图 2.1 形象地说明。

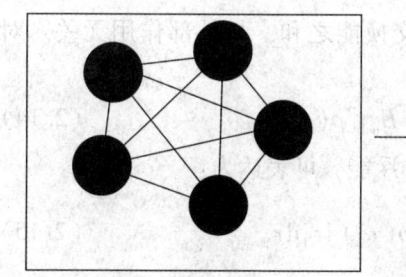
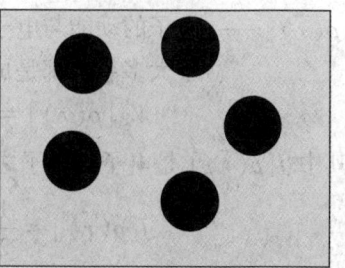

(a)多电子体系的真实情况　　　　　(b)通过K-S方程处理后的无相互作用的电子与有效势

图 2.1　复杂多电子问题转化成为单电子问题示意图

· 48 ·

根据变分法可以得到基态能量以及粒子数密度：

$$\delta\{E[\rho(\vec{r})] - \mu[\int \mathrm{d}\vec{r}'\rho(\vec{r}') - V]\} = 0 \tag{2.20}$$

其中的密度函数又可以用单个粒子的波函数来表示：

$$\rho(\vec{r}) = \sum_{i=1}^{N} |\Phi_i(\vec{r})|^2 \tag{2.21}$$

然后将式(2.21)带入式(2.20)，变换变分元素可得：

$$\delta\{E[\rho(\vec{r})] - \sum_i [\int \mathrm{d}\vec{r}\Phi_i^*(\vec{r})\Phi_i(\vec{r}) - 1]\} = 0 \tag{2.22}$$

再代替拉格朗日乘子可得：

$$\{-\nabla^2 + V_{\mathrm{KS}}[\rho(\vec{r})]\}\Phi_i(\vec{r}) = E\Phi_i(\vec{r}) \tag{2.23}$$

在式(2.23)中：

$$V_{\mathrm{KS}}[\rho(\vec{r})] = v(\vec{r}) + \int \mathrm{d}\vec{r}' \frac{\rho(\vec{r}')}{|\vec{r} - \vec{r}'|} + \frac{\delta E_{\mathrm{XC}}[\rho]}{\delta\rho(\vec{r})} \tag{2.24}$$

式(2.22)、式(2.24)一起构成 Kohn-Sham 方程。通过式(2.19)得到密度函数，然后就可以来描述整个系统的基态性质以及波函数，而由式(2.21)知道粒子数目，又需要知道体系的波函数，科研工作者提出可以通过自洽场的方法来求解 Kohn-Sham 方程，自洽求解的过程如图 2.2 所示。

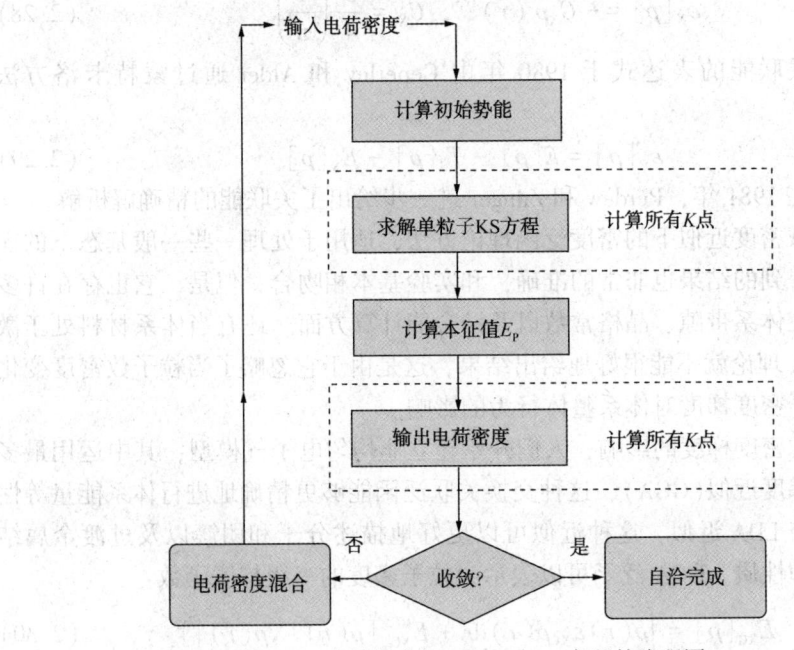

图 2.2 自洽场求解 Kohn-Sham 方程的流程图

2.1.4 交换关联泛函

提出 Kohn-Sham 方程后，计算问题由多粒子问题转化为单粒子问题，但是方程中的交换关联项 $E_{XC}[\rho(\vec{r})]$ 还是未知的函数。因此，Kohn 和 Sham 做了更进一步研究，于 1965 年提出了局域密度泛函(LDA)。所谓局域密度泛函，是认为电子密度在空间内变化非常缓慢，故而认为在小的局域内是均匀的。基于 LDA 理论，交换关联能则可以写为：

$$E_{XC}[\rho(\vec{r})] = \int d\vec{r}\rho(\vec{r})\varepsilon_{XC}[\rho(\vec{r})] \qquad (2.25)$$

其中 $\varepsilon_{XC}[\rho(\vec{r})]$ 是均匀电子气中，单个粒子的交换关联能。那么，公式 (2.24)中右边的第三项，即交换关联势函数则可以表示为：

$$V_{XC}[\rho] = \varepsilon_{XC}(\rho) + \rho\frac{d\varepsilon_{XC}(\rho)}{d\rho} \qquad (2.26)$$

如果将交换关联能分开两部分来表示，即分为交换能和关联能：

$$\varepsilon_{XC}[\rho] = \varepsilon_X[\rho] + \varepsilon_C[\rho] \qquad (2.27)$$

由于是均匀电子气，其中的交换能可由 Dirac 给出：

$$\varepsilon_X[\rho] = -C_X\rho(\vec{r})^{1/3}, \quad C_X = \frac{3}{4}\left(\frac{1}{\pi}\right)^{1/3} \qquad (2.28)$$

另外，关联能的表达式于 1980 年由 Ceperley 和 Alder 通过蒙特卡洛方法获得：

$$\varepsilon_C[\rho] = E[\rho] - T_S[\rho] - E_X[\rho] \qquad (2.29)$$

随后，在 1981 年，Perdew 和 Zunger 进一步给出了关联能的精确解析解。

虽然局域密度近似下的密度泛函理论方法，适用于处理一些一般基态下的固体的性质，得到的结果也非常的准确，和实验基本相吻合，但是，它也存在许多缺陷，比如在体系带隙、晶格常数以及结合能计算方面。还有当体系材料处于激发态时，LDA 理论就不能很好地给出结果，这是由于它忽略了当粒子数密度变化较快时，粒子密度梯度对体系整体行为的影响。

为了考虑密度梯度的影响，人们开始建立非均匀电子气模型，其中运用最多的就是广义梯度近似(GGA)，这种交换关联泛函能够更精确地进行体系能量等性质的计算，与 LDA 近似，这种近似可以更好地描述分子和团簇以及过渡金属结构的基态物理性质。GGA 泛函可以表示为粒子密度的一级梯度函数：

$$E_{XC}[\rho] = \int\rho(\vec{r})\varepsilon_{XC}\rho(\vec{r})dr + E_{XC}^{GGA}[\rho(\vec{r})\,|\,\nabla\rho(\vec{r})\,|] \qquad (2.30)$$

2 理论方法与计算软件

2.1.5 周期性势场近似及布洛赫定理

能带理论的三大近似之一是周期性势场近似，即认为所有离子势场和其他电子的平均场是周期性势场，电子在周期性势场中的运动可以用布洛赫定理来描述。

布洛赫定理：当势场具有晶格周期性时，电子的波函数满足薛定谔方程：

$$\left[-\frac{\hbar^2}{2m}\nabla^2 + V(r) \right]\psi(r) = E\psi(r) \tag{2.31}$$

方程的解具有以下性质：

$$\psi(r + R_n) = e^{ik \cdot R_n}\psi(r) \tag{2.32}$$

这就是布洛赫定理，其中 k 为一矢量。

上式表明当平移晶格矢量 R_n 时，波函数只增加了位相因子 $e^{ik \cdot R_n}$，根据布洛赫定理可以将电子的波函数写成：

$$\psi(r) = e^{ik \cdot r}u_k(r) \tag{2.33}$$

式(2.33)所表示的函数称为布洛赫函数，是按布拉维格子周期性调幅的平面波。$u_k(r)$ 也是周期函数，满足：

$$u_k(r + R_n) = u_k(r) \tag{2.34}$$

具有与晶格相同的周期。

2.2 波函数与势场的处理方法

在研究固体材料电子性质的过程中，最基本的就是研究其电子结构，即计算其能带结构。计算能带结构的中心任务就是求解晶体周期场中单电子的薛定谔方程：

$$H\Psi_k(r) = E(k)\Psi_k(r)$$

$$H = -\frac{\hbar}{2m}\nabla^2 + V(r) \tag{2.35}$$

在求解的过程中需要对波函数 $\Psi_k(r)$ 进行处理，处理的方法有很多种，如正交化的平面波法、原子轨道线性组合、投影缀加波法、散射函数等；此外还需对势场进行相应的近似，近似的方法有全电子势、赝势法以及自由电子气

· 51 ·

等。在本节中主要介绍正交化平面波、原子轨道线性组合、投影缀加波以及赝势法。

2.2.1　正交化平面波法

正交化平面波法是由赫令(C. Herring)提出的一种可克服平面波展开收敛差的办法。首先将固体能带分为两类：壳层电子的能带和价带及导带，价带指的是最高的一个被占据能带，导带则代表最低的一个空的能带。由于固体的特性主要由费米面附近的电子性质决定，对于较低壳层的能带，一般都被填满，且多半是窄能带，可以用紧束缚波函数来表示。固体中运动的电子原胞中的离子实内部与外部是两种具有不同性质的区域。当导带或者价带的电子处于离子实外部时，只受到弱势场的作用，波函数在空间的变化较为平滑，波函数与平面比较为相像。在离子实内部，由于有很强的局域势场，电子的波函数会像原子波函数一样，出现急剧振荡的特征。赫令认为最好采用平面波与壳层能带波函数的某种线性组合来描述布洛赫函数，这样与实际情况的物理图像更为切合。而价带或导带的布洛赫函数与壳层能带的波函数都是统一薛定谔方程的解，因此它们是彼此正交的，称为正交化平面波，它是简单平面波与所有壳层能带的紧束缚波函数的特殊线性组合。应用正交化平面波可计算半导体锗(Ge)和硅(Si)的能带结构。从图 2.3 中可看出，一个正交化的平面波本身就包括了电子在离子实区的多次振荡特征，所以，一个正交化的平面波就十分逼近真实波函数了。因此正交化平面波法是描述价带和导带电子波函数的好表象，是定量计算能带的一种重要方法。

具体推导过程如下：

设内层电子波函数 $|\phi_c(k,r)\rangle$ 为孤立原子芯态波函数 $\varphi_c(r)$ 的布洛赫和：

$$|\phi_c(k,r)\rangle = \frac{1}{\sqrt{N}}\sum_R \exp(ik \cdot R)\varphi_c(r-R) \tag{2.36}$$

显然 $|\phi_c(k,r)\rangle$ 不是晶体哈密顿算符的本征函数，但通常的做法是先假定它是晶体哈密顿算符的本征函数，满足：

$$H|\phi_c(k,r)\rangle = E_c(k)|\phi_c(k,r)\rangle \tag{2.37}$$

定义正交化平面波 $|\chi_{k+K}\rangle$ 为：

$$|\chi_{k+K}\rangle = |k+K\rangle - \sum_c |\phi_c(k,r)\rangle\langle\phi_c(k,r)|k+K\rangle \tag{2.38}$$

这里 $|k+K\rangle$ 表示平面波，求和包括了所有的内层态。可以验证正交化条件

$$\langle\phi_c(k,r)|\chi_{k+K}\rangle = 0 \tag{2.39}$$

是满足的。可以看出，正交化平面波是平面波扣去其在内层电子态的投影，与内层态波函数 $|\phi_c(k,r)\rangle$ 正交。一个正交化平面波在远离原子核处的行为像一个

2 理论方法与计算软件

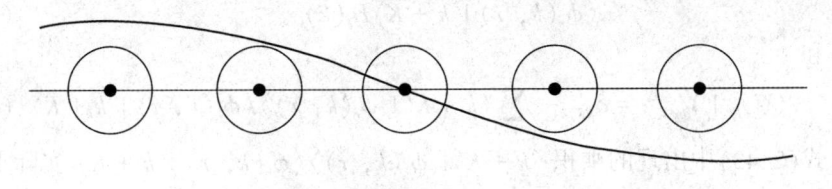

(a)平面波

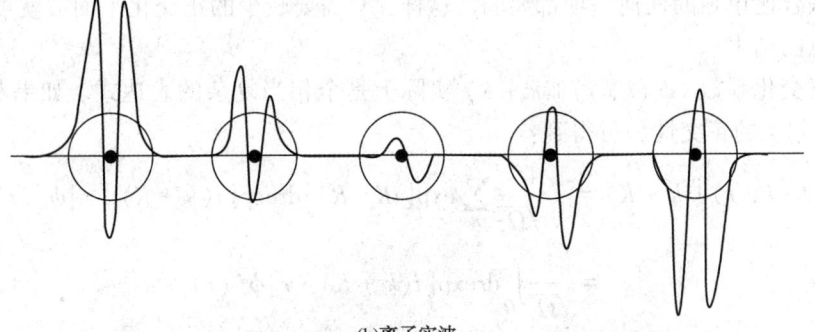

(b)离子实波

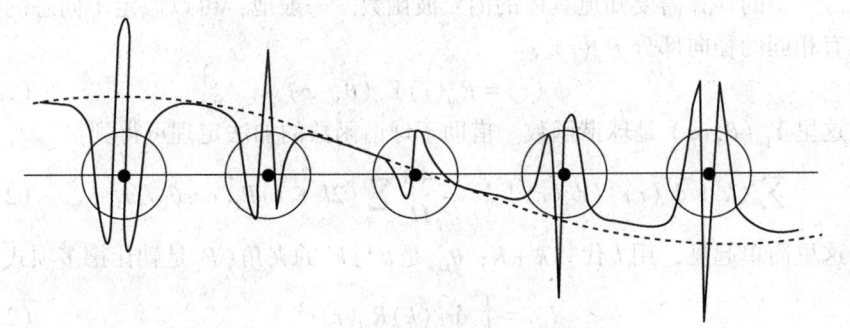

(c)正交化平面波

图 2.3 波形图

平面波，而在近核处具有原子波函数的迅速变化的特征，如图 2.3 所示。这样就能用这种基函数较好地描述价态的特征。

用正交化平面波 $|\chi_{k+K}\rangle$ 组成晶体波函数 $|\psi_k\rangle$：

$$|\psi_k\rangle = \sum_k c_k(k)|\chi_{k+K}\rangle \qquad (2.40)$$

将式(2.40)代入单电子薛定谔方程，左乘 $\langle\chi_{k+K'}|$ 后对整个空间积分，得到一组线性方程组，令其系数行列式为零，就有：

$$\det|\langle\chi_{k+K'}|H|\chi_{k+K}\rangle - E_k\langle\chi_{k+K'}|\chi_{k-K}\rangle| = 0 \qquad (2.41)$$

而

$$\langle\chi_{k+K'}|H|\chi_{k+K}\rangle = (k+K)^2\delta_{KK'} + V(K-K') - \sum_c\langle k+K'|\phi_c(k,r)\rangle$$

· 53 ·

$$\langle \phi_c(k, r) \mid k + K \rangle E_c(k) \tag{2.42}$$

和

$$\langle \chi_{k+K'} \mid \chi_{k+K} \rangle = \delta_{KK'} - \sum_c \langle k + K' \mid \phi_c(k, r) \rangle \langle \phi_c(k, r) \mid k + K \rangle \tag{2.43}$$

式(2.43)中出现的乘积 $\langle k + K' \mid \phi_c(k, r) \rangle \langle \phi_c(k, r) \mid k + K \rangle$ 实际上是正的，至少在 $k + K$，$k + K'$ 小时是正的。结果是正交化项抵消了势 $V(K - K')$，两者的联合比单独的任何一项都要弱。这样，只需要较少的正交化平面波就可以得到满意的结果。

正交化系数 $\langle \phi_c(k, r) \mid k + K \rangle$ 实际上是个相当复杂的表达式。如果利用 $\mid \phi_c(k, r) \rangle$ 的正交性，可得到：

$$\langle \phi_c(k, r) \mid k + K \rangle = \frac{1}{N\sqrt{\Omega_c}} \sum_R \exp[iK \cdot R] \int dr \exp[i(k + K) \cdot r] \phi_c^*(r)$$

$$= \frac{1}{\sqrt{\Omega_c}} \int_{\Omega_c} dr \exp[i(k + K) \cdot r] \phi_c^*(r) \tag{2.44}$$

进一步的计算需要知道具体的内层波函数。一般地，可以假定不同态的波函数具有相同的径向部分 $R_{nl}(r)$，

$$\phi_c(r) = R_{nl}(r) Y_{lm}(\theta, \varphi) \tag{2.45}$$

这里 $Y_{lm}(\theta, \varphi)$ 是球谐函数。借助于球谐函数的加法定理可得到：

$$\sum_c \langle k' \mid \phi_c(r) \rangle \langle \phi_c(r) \mid k \rangle = \frac{4\pi}{\Omega_c} \sum_{n, l} (2l + 1) P_l(\cos\theta_{kk'}) I_{knl} I_{k'nl} \tag{2.46}$$

这里简单起见，用 k 代替 $k + K$；$\theta_{kk'}$ 是 k 与 k' 的夹角；P_l 是勒让德多项式，而

$$I_{knl} = \int_0^{\infty} dr j_l(k) R_{nl}(r) r^2 \tag{2.47}$$

j_l 是球贝塞尔函数。

2.2.2　缀加平面波法

为了克服原胞法在 W–S 多面体上满足边界条件的困难，斯莱特(Slater)建议用丸盒势(Muffin–tin potential)模型处理问题，所谓丸盒势即假定 W–S 原胞中球对称势仅限于离子实周围半径 r_l 的球体内，这些球彼此不相交，如图 2.4 所示，称为 M–T 球，在 M–T 球外的原胞势场，则假定为常数势，适当选择能量的零点，可将 W–S 原胞内的丸盒势简化，如图 2.5 所示为某离子线的丸盒势图。丸盒势模型将 M–T 球外的势场取为常数，显然更逼近实际情况，因为在这些地方，薛定谔方程的解释为平面波，而平面波在 W–S 多面体上能自动满足边界条件。因此，丸盒势模型克服了原胞法满足边界条件的困难。在每个 M–T 球内，由于

2 理论方法与计算软件

是球对称的势场，薛定谔方程的严格解可用径向波函数与球谐函数的乘积来展开。

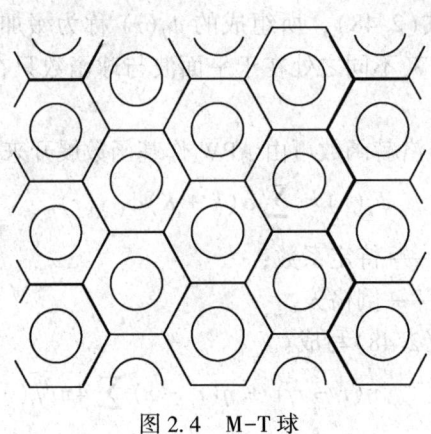

图 2.4　M-T 球

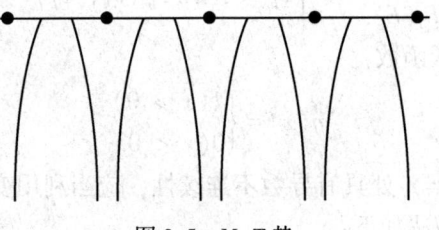

图 2.5　M-T 势

根据上述，展开后球谐函数表示为：

$$\varphi_k(r) = \left\{ \begin{array}{l} \sum\limits_{l,\,m} i^l a_{lm}(k) Y_{lm}(\theta,\,\phi) R_l(E_k,\,r)\,(r \leqslant r_i) \\ \exp(ik \cdot r)\,(r > r_i) \end{array} \right\} \tag{2.48}$$

其中 $R_l(E_k,\,r)$ 满足径向薛定谔方程：

$$-\frac{1}{r^2}\frac{\mathrm{d}}{\mathrm{d}r}\left(r^2\frac{\mathrm{d}R_l}{\mathrm{d}r}\right) + \left\{\frac{2m}{\hbar^2}[E - V(r)] - \frac{l(l+1)}{r^2}\right\} R_l = 0 \tag{2.49}$$

剩下的问题是如何使式(2.48)中的平面波与 M-T 球内球函数展开式子相衔接。斯莱特要求 $\phi_k(r)$ 在 $r = r_i$ 处连续，从而决定系数 a_{lm}，将平面波用球谐函数展开：

$$e^{ik \cdot r} = 4\pi \sum_{l,\,m} i^l j_l(kr) Y_{lm}(\theta,\,\phi) Y_{lm}^*(\theta_k,\,\phi_k) \tag{2.50}$$

式中　$(\theta,\,\phi)$——矢量 r 的方位角；

$(\theta_k,\,\phi_k)$——k 的方位角；

j_l——球贝塞尔函数。

· 55 ·

利用式(2.48)和 $r = r_i$ 处 ϕ_k 连续的条件，求得：

$$a_{lm}(k) = 4\pi i^l [j_l(kr) / R_l(E_k, r_i)] Y_{lm}^*(\theta_k, \phi_k) \qquad (2.51)$$

将式(2.51)代入式(2.48)，所组成的 $\phi_k(r)$ 称为缀加平面波(简称 APW)。应当注意，APW 与 OPW 不同之处在于平面波与球函数只在 $r = r_i$ 处相接，而无重叠区。

晶体中单电子的布洛赫函数可由 APW 作基函数展开来表示：

$$\psi_k(r) = \sum_k \alpha(k + K) \phi_{k+K}(r) \qquad (2.52)$$

式中　　$\alpha(k + K)$ ——待定系数；

$\qquad\qquad K$ ——倒格矢。

而 APW 可根据式(2.48)写成：

$$\psi_{k+K}(r) = e^{i(k+K) \cdot r} \eta(r - r_i) + \eta(r_i - r) \sum_{l, m} 4\pi i^l j_l(|k + K|r_i) \cdot$$

$$\left[\frac{R_l(E_k, r)}{R_l(E_k, r_i)} \right] Y_{lm}(\theta, \phi) Y_{lm}^*(\theta_k, \phi_k) \qquad (2.53)$$

这里 $\eta(x)$ 是阶跃函数：

$$\eta(x) = \begin{cases} 1(x > 0) \\ 0(x < 0) \end{cases} \qquad (2.54)$$

由于 $\phi_{k+K}(r)$ 在 $r = r_i$ 处具有导数不连续性，应当利用变分原理来确定 E_k 和系数 $\alpha(k + K)$。具体做法如下：

(1)以 $\psi_k(r) = \sum_K \alpha(k + K) \phi_{k+K}$ 作为试探变分函数，代入能量泛函公式，得：

$$\int_\Omega \left(\frac{\hbar^2}{2m} |\nabla \psi|^2 + V |\psi_k|^2 \right) d\tau - E(\psi_k) \int_\Omega \psi_k^* \psi_k d\tau = 0 \qquad (2.55)$$

(2)作变分时应要求泛函 $E[\psi_k]$ 对于 ψ_k 是稳定的，这时 E 才是晶体中单电子薛定谔方程的能带解。当 α^* 变化时，这一要求简单表示为：

$$\frac{\partial E[\psi_k]}{\partial \alpha^*} = 0 \qquad (2.56)$$

(3)那么(1)中对 α^* 的变分，并利用式(2.56)，可求得 $\alpha(k + K)$ 的线性齐次方程组：

$$\sum_{K'} \langle k + K | M | k + K' \rangle_{APW} \alpha(k + K') = 0 \qquad (2.57)$$

其中

$$\langle k + K | M | k + K' \rangle_{APW} = \int_\Omega d\tau \left[\frac{\hbar^2}{2m} \nabla \phi_{k+K}^* \cdot \nabla \phi_{k+K'} + (V - E) \nabla \phi_{k+K}^* \cdot \nabla \phi_{k+K'} \right]$$

$$(2.58)$$

这里 K、K' 均为倒格矢。

(4)能量本征值 E_k 由式(2.57)的系数行列式等于零决定：

$$\det \| \langle k+K \mid M \mid k+K' \rangle_{APW} \| = 0 \qquad (2.59)$$

具体计算 M 的 APW 矩阵元时，应将原胞 Ω 分为 M-T 球内部分 $\Omega_I = \dfrac{4\pi}{3}r_i^3$ 和球外部分 Ω_{II}：

$$\Omega_{II} = \Omega_I + \Omega_{II} \qquad (2.60)$$

由于 r_i 球外部分 $V(r)=0$，ϕ_{k+K} 为平面波 $e^{i(k+K)\cdot r}$，其计算十分方便。将式(2.48)和式(2.49)代入式(2.58)，可将球外 APW 对 M 矩阵元的贡献写成：

$$\left(\int_\Omega - \int_{\Omega_I} \cdot \right) d\tau \left\{ \frac{\hbar^2}{2m} \nabla e^{-i(k+K)\cdot r} \cdot \nabla e^{i(k+K')\cdot r} - E e^{i(K'-k)\cdot r} \right\}$$

$$= \left[\frac{\hbar^2}{2m}(k+K)\cdot(k+K') - E \right] \left[\int_\Omega e^{i(K'-K)\cdot r} d\tau - \int_{\Omega_I} e^{i(K'-K)\cdot r} d\tau \right] \qquad (2.61)$$

利用关系式

$$\int_\Omega e^{i(K'-K)\cdot r} = \Omega \delta_{KK'} \qquad (2.62)$$

和

$$\int_{\Omega_I} e^{ip\cdot r} d\tau = 4\pi \int_0^{r_i} \left(\frac{\sin pr}{pr} \right) r^2 dr = 4\pi r_i^2 \frac{j_l(pr_i)}{p} \qquad (2.63)$$

最后求得平面波部分对 M 的贡献为：

$$\left\{ \frac{\hbar^2}{2m}(k+K)\cdot(k+K') - E \right\} \left\{ \Omega \delta_{KK'} - 4\pi r_i^2 \frac{j_l \mid K'-K \mid r_i}{\mid K'-K \mid} \right\} \qquad (2.64)$$

球内部分 M 矩阵元的计算比较复杂，这里只说明步骤。对式(2.58)右边第一项做部分积分，并利用格林定理，得到关系式：

$$\int_{\Omega_I} \nabla \phi_{k+K}^* \cdot \nabla \phi_{k+K'} d\tau = \int_{\Omega_I} \nabla \phi_{k+K}^* (-\nabla^2) \phi_{k+K'} d\tau + \int_S \nabla \phi_{k+K}^* \nabla \phi_{k+K'} \cdot dS \qquad (2.65)$$

其中 S 代表 r_i 球面，则 $\langle k+K \mid M \mid k+K' \rangle_{APW}$ 的球内部分贡献可表示为：

$$\int_{\Omega_I} \nabla \phi_{k+K}^* \left[-\frac{\hbar^2}{2m}\nabla^2 + V(r) - E \right] \phi_{k+K'} d\tau + \int_S \phi_{k+K}^* \frac{\partial}{\partial \eta}\phi_{k+K'} \cdot dS \qquad (2.66)$$

面积积分中的 η 是 M-T 球面的外法线。式(2.66)中的体积分等于零。因为在 $r < r_i$ 时 $(H-E)\phi_{k+K'}=0$ 与径向方程一致，这说明 APW 在 M-T 球内满足薛定谔方程。面积分部分要利用球函数的正交条件及其辅助定理，斯莱特计算的最后结果为：

$$4\pi r_i^2 \sum_{l=0}^{\infty} (2l+1) P(\cos\theta_{kK'}) j_l(\,|\,k+K\,|\,r_i) \times j_l(\,|\,k+K\,|\,r_i) \frac{R_l{}'(E,\ r_i)}{R_l(E,\ r_i)}$$

$$(2.67)$$

其中 $R_l{}' \equiv \dfrac{\mathrm{d}R_l}{\mathrm{d}r}$，$\theta_{KK'}$ 为 K 与 K' 之间的夹角，具体推导可以参考原文。式 (2.67) 与式 (2.64) 之和即是 $\langle k+K\,|\,M\,|\,k+K'\rangle_{APW}$，可整理成对角及非对角部分之和：

$$\frac{1}{\Omega}\langle k+K\,|\,M\,|\,k+K'\rangle_{APW} = \left[\frac{\hbar^2}{2m}(k+K)^2 - E\right]\delta_{KK'} + \varGamma_{KK'} \qquad (2.68)$$

这里非对角矩阵元 $\varGamma_{KK'}$ 定义为：

$$\varGamma_{KK'} = \frac{4\pi r_l^2}{\Omega}\left\{-\left[\frac{\hbar^2}{2m}(k+K)\cdot(k+K') - E\right]\frac{j_l(\,|\,K'-K\,|\,r_i)}{|\,K'-K\,|} + \right.$$

$$\left. \sum_{l=0}^{\infty} (2l+1) P_l(\cos\theta_{kK'}) j_l(\,|\,k+K\,|\,r_i) \cdot j_l(\,|\,k+K\,|\,r_i)\frac{R_l{}'(E,\ r_i)}{R_l(E,\ r_i)}\right\} \qquad (2.69)$$

根据式 (2.68) 的记号，可以将方程 (2.57) 写成平面波法中相似的形式：

$$\left[\frac{\hbar^2}{2m}(k+K)^2 - E\right]\alpha(k+K) + \sum_{K'(K'\neq K)} \varGamma_{KK'}\alpha(k+K') = 0 \qquad (2.70)$$

类似的，久期方程 (2.57) 变为与上式类似的表达式：

$$\det\left\|\left[\frac{\hbar^2}{2m}(k+K)^2 - E\right]\delta_{KK'} + \varGamma_{KK'}\right\| = 0 \qquad (2.71)$$

显然，$\varGamma_{KK'}$ 相当于有效势的傅里叶分量，由于 APW 法将 M–T 球外的平面波与 M–T 球内的原子波函数在 $r = r_i$ 处连续相接，同样也将在离子实区引起振荡，与 OPW 有相似之处。因此，式 (2.69) 中的 $\varGamma_{KK'}$ 与 OPW 法中的 $\langle k+K\,|\,U\,|\,k+K'\rangle$ 应有相似的抵消特性，就是说用 APW 法展开来表示 ψ_k 也具有比平面波方法收敛更快的优点。

应当指出，由于 APW 波函数式是彼此不正交的，久期行列式中对角与非对角元都明显含有 E，此外能量 E 还在 $\varGamma_{KK'}$ 表示式的 $R_l{}'(E,\ r_i)/R_l(E,\ r_i)$ 函数中出现。因此，利用 APW 法做能带计算时，首先要在能量 E 时解出径向薛定谔方程，并算出 M–T 球面上 R_l 的对数导数值：

$$\frac{\mathrm{d}}{\mathrm{d}r}\left[\ln R_l(E,\ r)\right]_{r=r_i} = R_l{}'(E,\ r_i)/R_l(E,\ r_i)$$

然后，对于给定的波矢 k 按式 (2.69) 计算不同倒格矢之间的矩阵元，调整 E，知道久期行列式等于零时，才能定出能带电子的能量本征值 E_k。显然，这一计算过程的工作量相当大。但是，在电子计算机高度发展的今日已非难事，

2 理论方法与计算软件

特别是在式(2.69)中出现的都是一些标准函数，他们都有现成的子程序可利用。此外，还可以利用晶体对称性降低久期行列式的维数，使得计算简化。APW法用于金属能带的计算是相当成功的，所计算出的能带结构和费米面与实验符合良好，包括含有 d 带的贵金属和过渡金属，而对于这些金属 OPW 法都不能应用。

APW法不适用于共价键半导体，这是与丸盒势模型密切相关的，对于呈密排结构的单价金属，可以认为在离子周围势场是球对称的，而在离子之间的势场变化缓慢，因此 M-T 势适用于这些金属。但是，对于共价键的晶体，如 Ge、Si 等属于四面体键，其原子势场的方向变化很大，原子周围的势场既不是球对称的，而且在原子之间的势场也不是缓慢变化的，与丸盒势模型差异较大，因此，APW 法不能应用。

APW 函数表达式是无穷项求和，但是在实际应用中，常常选取 $l = 10$ 或 12 就已经足够了。

2.2.3 赝势方法

在计算能带的过程中，首先需要找一组完备基组，用其来展开体系的电子波函数。其次还需要根据体系的物理性质对其晶体势进行有效的近似。这样就可以为体系建立合理的哈密顿量以及波函数，然后求解薛定谔方程或者 Kohn-Sham 方程即可。而对晶体势场的处理有两种方法：全电子势方法和赝势方法。在这里主要讨论赝势方法。

在固体中，原子的价电子在由原子相互结合转变为固体的过程中，其运动状态发生了很大的变化，而内层电子的变化很微弱。因此人们最关心就是系统的价电子，并且将除了原子中价电子以外的原子核与内层电子总称为离子实。由于离子实内部区域的粒子波函数必须要与离子实内层电子波函数正交，因此在离子实与离子实之间，粒子的波函数较为平滑，可类比于平面波函数，而在离子实内部的波函数具有振荡的特点，存在多个节点。正是由于这个正交的特点，使得离子实内部的势的吸引作用被正交引起排斥，势能抵消。所以只要有一个势能够不改变体系的能量本征值以及离子实与离子实之间的波函数，那么这个势就可以用来代替真实的离子势与价电子的作用，称这个假想的势为赝势。而一般采用的赝势均会使得电子的波函数更平滑，并且将由赝势求出的波函数称为赝波函数，计算需要耗费的资源也会大大降低。在第一性原理计算软件 Vasp、Abinito 中，包含多种赝势，比如缀加投影波(PAW)赝势以及超软赝势、模守恒势等。

· 59 ·

赝势的导出不是唯一的。原始的赝势方法是建立于正交化平面波方法上的。对一个由许多原子组成的固体，坐标空间根据波函数的不同特点可分为两部分：（1）近原子核区域，即所谓的芯区，波函数由紧束缚的芯电子波函数组成，与近邻原子的波函数相互作用很小；（2）其余区域，价电子波函数相互交叠，相互作用。尽管芯区的势很强地吸引价电子，但是正交化平面波方法中对价态与芯态正交的要求而产生的大动能，对价态的贡献就如同一个有效的排斥势。两者的和是价态的有效势。与核的库仑势相比，这种有效势较弱。图2.6表示晶体中的赝势、赝波函数与周期势、布洛赫波函数的关系。

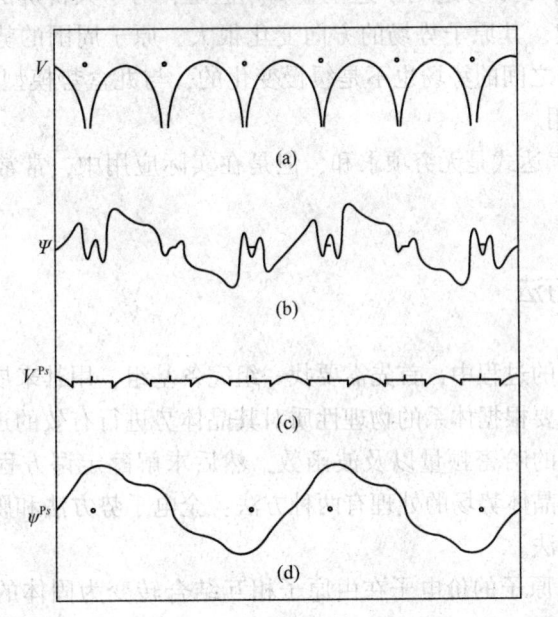

图2.6 晶体中周期势 V（a）、布洛赫波函数 Ψ（b）与赝势 V^{ps}（c）、赝波函数 Ψ^{ps}（d）

如果用 $|\phi_V\rangle$ 和 $|\phi_c\rangle$ 分别表示晶体哈密顿量算符 H 的精确价态 E_v 和芯态 E_c 的波函数，满足：

$$H|\phi_V\rangle = E_V|\phi_V\rangle \tag{2.72}$$

和

$$H|\phi_c\rangle = E_c|\phi_c\rangle \tag{2.73}$$

用类似正交化平面波方法构造晶体价态波函数 $|\phi_V\rangle$：

$$|\phi_V\rangle = |\Psi_V^{ps}\rangle + \sum_c \mu_{cV}|\phi_c\rangle \tag{2.74}$$

与正交化平面波方法不同，这里 $|\phi_c\rangle$ 是真正的晶体芯态波函数。正交化平面波中的平面波现被 $|\Psi_V^{ps}\rangle$ 取代，后面就会看到这就是赝波函数。作 $\langle\phi_c|\phi_V\rangle = 0$，可得到系数：

2 理论方法与计算软件

$$\mu_{cv} = -\langle \phi_c \mid \Psi_V^{ps} \rangle \qquad (2.75)$$

现将 $H - Ev$ 作用于 $\mid \Psi_V^{ps} \rangle$ 上，有：

$$(H - E_V) \mid \Psi_V^{ps} \rangle = (H - E_V)(\mid \phi_V \rangle + \sum_c \mid \phi_c \rangle \langle \phi_c \mid \Psi_V^{ps} \rangle)$$

$$= (H - E_V) \sum_c \mid \phi_c \rangle \langle \phi_c \mid \Psi_V^{ps} \rangle$$

$$= \sum_c (E_c - E_V) \mid \phi_c \rangle \langle \phi_c \mid \Psi_V^{ps} \rangle \qquad (2.76)$$

就有

$$\left[H + \sum_c (E_V - E_c) \mid \phi_c \rangle \langle \phi_c \mid - E_V \right] \mid \Psi_V^{ps} \rangle = 0 \qquad (2.77)$$

将哈密顿算符写成：

$$H = T + V \qquad (2.78)$$

若令

$$V^{ps} = V + \sum_c (E_V - E_c) \mid \phi_c \rangle \langle \phi_c \mid \qquad (2.79)$$

则形式上就给出：

$$\left[T + V^{ps} - E_V \right] \mid \Psi_V^{ps} \rangle = 0 \qquad (2.80)$$

V^{ps} 就是赝势，式(2.61)就是赝波函数 $\mid \Psi_V^{ps} \rangle$ 满足的方程。

2.2.4 原子轨道正交化线性组合法

原子轨道正交化线性组合与用平面波作基函数的第一性原理方法相比，具有计算量较小的优点，因而可处理较多的原子体系。

在局域密度近似(LDA)下，多电子体系的能量由电子数密度 $\rho(r)$ 唯一确定，电子数密度所对应的能量为体系的基态能量。这样可以导出如下的自洽方程：

$$\left\{ -\frac{1}{2} \nabla^2 + V_{e-N}(r) + V_{e-e}(r) + V_{XC}[\rho(r)] \right\} \psi_n(r) = E_n \psi_n(r) \qquad (2.81)$$

$$\rho(r) = \sum_\infty \mid \psi_n(r) \mid^2 \qquad (2.82)$$

这里 V_{e-N}、V_{e-e} 分别代表电子与原子核，电子与电子库仑相互作用；V_{XC} 为有效局域势，通常称为交换关联势。

电子数密度的求和是对所有的占据态进行，并且上式中用了约化单位。LDA假设交换关联部分可以写为：

$$E_{XC}(r) = \int \mathrm{d}r \rho(r) \varepsilon_{xc}[\rho(r)] \qquad (2.83)$$

因此，关联交换势可通过以下变分求得：

$$V_{xc}(r) = \delta\{\rho \varepsilon_{xc}[\rho(r)]\}/(\delta\rho) \qquad (2.84)$$

· **61** ·

由于不知道 $\varepsilon_{xc}[\rho(r)]$ 对不同系统的严格形式，$V_{xc}(r)$ 可有不同的近似。这里用 X 的交换关联，即：

$$V_{xc}(r) = -\frac{3}{2}\alpha\left[\frac{3}{\pi}\rho(r)\right]^{1/3} \tag{2.85}$$

其中 α 是参数，对不同的原子，其值介于 $1\sim2/3$。

在 OLCAO 方法下的布洛赫函数由原子或类原子轨道组成，即：

$$b_{ir}(k,\ r) = \frac{1}{\sqrt{N}}\sum_{\nu}\exp(ik\cdot R_{\nu})\Phi_i(r-\tau_{\gamma}-R_{\nu}) \tag{2.86}$$

式中　i——轨道对称性；

　　γ——单位原胞里的不同原子；

　　τ_{γ}——ν 原胞的 γ 原子的位矢；

　　R_{ν}——晶格位矢。

原子轨道的径向部分用高斯型轨道展开：

$$\phi_i(r) = \left[\sum_j C_j r^{n-1}\exp(-\alpha_j r^2)\right]Y_{lm} \tag{2.87}$$

其中 n 代表主量子数，l 和 m 代表角动量量子数和磁量子数，他们统一用 i 来表示。上式的原子轨道可以包括芯轨道、价轨道及空轨道。例如：对 Cu_2O，最少基矢包括 Cu 的 1s，2s，2px，2py，2pz，3px，3py，3pz（芯轨道）；Cu 的 4s，4px，4py，4pz，3dxy，3dyz，3dzx，3dx2-y2，3d3z2-x2（价轨道）；O 的 1s（芯轨道）；O 的 2s，2px，2py，2pz（价轨道）；也可以考虑 Cu 的 5s，5px，5py，5pz，4dxy，4dyz，4dxz，4dx2-y2，4d3z2-x2 及 O 的 s，3px，3py，3dz 空轨道，构成全基矢。在一般情况下，用最少的基矢可以得到比较好的结果。全基矢用于精度要求高的计算，如总能计算或那些牵涉到高能量导带的物理量的计算。

单电子的波函数可以由布洛赫函数展开：

$$\Psi_n(r) = \sum_{i,\ r}A_{ir}(k)b_{ir}(k,\ r) \tag{2.88}$$

这里 n 代表能带编号。这样，可以得到如下本征方程：

$$|H_{ir,\ j\delta}(k) - S_{ir,\ j\delta}(k)E| = 0 \tag{2.89}$$

其中

$$H_{ir,\ j\delta}(k) = \langle b_{ir}(k,\ r)|H|b_{j\delta}(k,\ r)\rangle$$
$$= \sum_{\nu}\exp(-ik\cdot R_{\nu})[\Phi_i(r-\tau_{\gamma})]|-\nabla^2+$$
$$V_{coul}(r) + V_{xc}(r)|\Phi_j(r-\tau_{\delta}-R_{\nu})\rangle \tag{2.90}$$

$$S_{ir,\ j\delta}(k) = \langle b_{ir}(k,\ r)|b_{j\delta}(k,\ r)\rangle$$
$$= \sum_{\nu}\exp(-ik\cdot R_{\nu})\langle\Phi_i(r-\tau_{\gamma})|\Phi_j(r-\tau_{\delta}-R_{\nu})\rangle \tag{2.91}$$

2　理论方法与计算软件

式(2.90)与式(2.91)分别为哈密顿量和交叠积分矩阵元。库伦势 V_{coul} (r)为：

$$V_{coul}(r) = V_{e-N}(r) + V_{e-e}(r) \tag{2.92}$$

总的晶格态密度及库伦势用高斯函数表示为：

$$\rho_{cry}(r) = \sum_A \rho_A(r - \tau_A) \tag{2.93}$$

$$\rho_A(r) = \sum_j C_j \exp(-\beta_j r^2) \tag{2.94}$$

$$V_{coul}(r) = \sum_A V_C(r - \tau_A) \tag{2.95}$$

$$V_C(r) = -(Z_A/r)\exp(-\xi r^2) - \sum_j D_j \exp(-\beta_j r^2) \tag{2.96}$$

$$V_{xc}(r) = \sum_A V_x(r - \tau_A) \tag{2.97}$$

$$V_x(r) = \sum_j F_j \exp(-\beta_j r^2) \tag{2.98}$$

这里 Z_A 为原子 A 的原子序数。

自洽是这样来实现的：解单电子本征方程，计算电荷密度及势能；再将新的势能代入本征方程计算电荷密度及势能，直到输入和输出的势能差小于预定值。

2.3　计算软件及方法简介

2.3.1　第一性原理软件包简介

Vasp 软件是由维也纳大学 Hafner 组开发的，是基于密度泛函理论的第一性原理计算软件包。它是当前在计算材料科学研究中应用最为广泛的软件之一。Vasp 可以用来计算材料的结构参数、力学性质、电子结构以及光学、磁学方面的性质，还可以进行分子动力学方面的模拟计算。该软件基于密度泛函理论来求解 Kohn-Sham 方程以及多体的薛定谔方程来计算材料的基态能量和性质。除此之外还实现了杂化泛函的计算，使得计算结果更为精确。

OpenMX 软件是由 Ozaki 在 2000 年开发的，也是基于密度泛函理论的第一性原理计算软件包。该软件采用的是模守恒势，基于原子轨道基函数，与 Vasp 相比可用来模拟尺度较大的体系。同时，OpenMX 功能也非常强大，可以研究多种

·63·

体系(生物分子、碳基材料、磁性材料、纳米级导体)的电学性质、磁学性质、几何结构等。

Materials Studio 是专门为材料科学领域研究者开发的一款可运行在 PC 上的模拟软件。可以帮助解决当今化学、材料工业中的一系列重要问题。支持 Windows、Unix、Linux 等多种操作平台，可快速帮助化学及材料科学的研究者们建立三维结构模型，同时还可对各种晶体、无定型以及高分子材料的性质及相关过程进行深入的研究。它包含多个模块，可适应各种材料的可视化及研究。比如 Materials Visualizer 提供了搭建分子、晶体及高分子材料结构模型所需要的所有工具，可以操作、观察及分析结构模型，处理图标、表格或文本等形式的数据，是 MS 的核心模块之一；Castep 模块是独特的密度泛函量子力学程序，是唯一的可以模拟气相、溶液、表面及固体等过程的量子力学程序。

在本书中主要使用以上软件进行结构建模和体系电子结构以及光学性质方面的计算和结果的分析。

2.3.2　Wannier90 简介以及 Berry 曲率计算方法

Wannier90 是一个通过一系列布洛赫能带来计算最大局域化瓦尼尔函数的软件。它可以和大多数第一性原理计算软件接口，如 Vasp、PWSCF、Abinit 以及 OpenMX 等，可以先通过这些软件进行能带的计算，再通过 Wannier90 接口通过对最大局域化瓦尼尔函数在实空间的传播进行最小化，这是通过在描述每个 K 点布洛赫能带旋转的单位矩阵空间完成的，进而计算出最大局域化的瓦尼尔函数，因此该软件并不依赖于计算布洛赫能带的软件运用的是何种基矢量。瓦尼尔函数在材料计算的很多方面都有应用，如能带、态密度、费米面的计算，实空间中化学键的分析、材料介电性质的计算，在构造大体系的哈密顿量时可以作为相对较为准确和简化的基矢。除此之外，还可以计算材料的一些特殊性质参数，如反常霍尔电导、Berry 曲率等。

假设第一性原理计算所得的布洛赫电子态用 Ψ_{nk} 来表示，其中 n 表示能带序号，k 表示电子动量。根据固体物理知识知它也可以由一系列瓦尼尔函数来表示，那么该能带的瓦尼尔函数也可以由同一能带的布洛赫函数所定义：

$$w_{nR}(\vec{r}) = \frac{V}{(2\pi)^3}\int_{BZ}\left[\sum_m U_{mn}^{(k)}\Psi_{mk}(\vec{r})\right]\mathrm{e}^{-ikR}\mathrm{d}k \qquad (2.99)$$

其中 V 是原包的体积，同时要对整个布里渊区来进行积分；

$U^{(k)}$ 是每个 K 点所有布洛赫态的单位矩阵，$U^{(k)}$ 并不能唯一确定，不同的选择会导致瓦尼尔函数不同的空间范围。

· 64 ·

2 理论方法与计算软件

因此定义瓦尼尔函数的传播为：

$$\Omega = \sum_n \left[\langle w_{n0}(\vec{r}) \mid r^2 \mid w_{n0}(\vec{r}) \rangle - \mid \langle w_{n0}(\vec{r}) \mid r \mid w_{n0}(\vec{r}) \rangle \mid^2 \right] \quad (2.100)$$

这个总的传播可以分解为规范不变部分 Ω_I 和依赖于可变换的 $U^{(k)}$ 的 $\widetilde{\Omega}$ 之和，而 $\widetilde{\Omega}$ 还可以分为己对角化的瓦尼尔函数和非对角化的瓦尼尔函数为基矢的 Ω_D 和 Ω_{OD} 两部分。那么上式可写为：

$$\Omega = \Omega_I + \Omega_D + \Omega_{OD} \quad (2.101)$$

其中：

$$\Omega = \sum_n \left[\langle w_{n0}(\vec{r}) \mid r^2 \mid w_{n0}(\vec{r}) \rangle - \sum_{Rm} \mid \langle w_{nR}(\vec{r}) \mid r \mid w_{n0}(\vec{r}) \rangle \mid^2 \right]$$
$$\quad (2.102)$$

$$\Omega_D = \sum_n \sum_{R \neq 0} \mid \langle w_{nR}(\vec{r}) \mid r \mid w_{n0}(\vec{r}) \rangle \mid^2 \quad (2.103)$$

$$\Omega_{OD} = \sum_{m \neq n} \sum_R \mid \langle w_{mR}(\vec{r}) \mid r \mid w_{n0}(\vec{r}) \rangle \mid^2 \quad (2.104)$$

Marzari 与 Vanderbilt 通过最小化对 $U^{(k)}$ 有依赖作用的 $\widetilde{\Omega}$ 部分来获得最大局域的瓦尼尔函数。而 Wannier90 会从最初始的电子结构中获得两个元素：

（1）原包布洛赫态周期部分 $\mid u_{nk} \rangle$ 之间的重叠：

$$M_{mn}^{(k,\,b)} = \langle u_{mk} \mid u_{nk+\vec{b}} \rangle \quad (2.105)$$

其中的 b 是联系一个给定的 K 点和它近邻 K 点的矢量，有 wannier90 软件根据参考文献决定。

（2）对布洛赫态 $\mid \Psi_{nk} \rangle$ 在一个探测的局域轨道 $\mid g_n \rangle$ 的投影：

$$A_{mn}^{(k)} = \langle \Psi_{mk} \mid g_n \rangle \quad (2.106)$$

由以上两个量就足够获得单个能带的最大化局域的瓦尼尔函数，比如绝缘体中的价带的最大局域瓦尼尔函数。而对于如何获得纠缠能带的瓦尼尔函数，可以运用文献中提出的解纠缠方法。定义一个能量窗口，对于每一个给定的 K 点，$N_{win}^{(\vec{k})}$ 属于这个能量窗口。通过幺正变换可以获得 N 个布洛赫态：

$$\mid u_{nk}^{opt} \rangle = \sum_{m \in N_{win}^{(k)}} U_{mn}^{dis(k)} \mid u_{mk} \rangle \quad (2.107)$$

其中 $U^{dis(k)}$ 是一个 $N \times N_{win}^{(k)}$ 的矩阵，$U^{dis(k)}$ 可以通过最小化处能量窗口之内的规范不变部分的瓦尼尔函数传播部分 Ω_I，接下来就又可以通过式（2.37）和式（2.38）来获得所优化的空间的最大局域的瓦尼尔函数。

需要注意的是由于不同态之间的混合，优化空间内的能带并不与初始能带对应。为了获得体系在给定能量范围（一般是费米能级附近区域）的准确性质，软

· 65 ·

件又引入了第二个能量窗口，这个能量窗口位于第一个能量窗口之内，那么位于第二个能量窗口之内的态在优化空间内将不会变化，这样保持了所计算的性质的准确性。

在本文中，主要运用该软件进行了体系 Berry 曲率的计算。Berry 曲率是以 Berry 联络来定义，其中 Berry 联络是以布洛赫态的周期部分 $| u_{nk} \rangle = e^{-ik \cdot r} | \Psi_{nk} \rangle$ 来定义的：

$$A_n(k) = \langle u_{nk} | i \nabla_k | u_{nk} \rangle \tag{2.108}$$

Berry 曲率则定义为：

$$\Omega_n(k) = \nabla_k \times A_n(k) = -Im \langle \nabla_k u_{nk} | \times | \nabla_k u_{nk} \rangle \tag{2.109}$$

1962 年，Blount 提出的电子速度的矩阵元可表示为：

$$\langle \Psi_{nk} | \hbar v_\alpha | \Psi_{mk} \rangle = \delta_{nm} \partial_\alpha \varepsilon_{nk} - i(\varepsilon_{mk} - \varepsilon_{nk}) [A_{k,\alpha}]_{nm} \tag{2.110}$$

其中 $[A_{k,\alpha}]_{nm} = i \langle u_{nk} | \partial u_{mk} \rangle$ 是和式（2.40）一样的 Berry 联络。由于已知的瓦尼尔函数对估算 $\partial_k \varepsilon_{nk}$ 可以起到极为重要的作用，因此瓦尼尔函数对于由布洛赫态周期部分衍生出来的 k 的衍生物理量是可以求解的，如 Berry 联络、带间光导、反常霍尔电导和轨道磁化等都可以计算。而 Berry 曲率是一个对电子动力学方面有较大影响的物理量，当体系的空间反演对称性和时间反演对称性中的一个破坏时，体系的 Berry 曲率不为零。此时的 Berry 曲率相当于一个磁场，而 Berry 联络则相当于一个矢量势，这个有效场将会在铁磁物质中引起霍尔效应，而且并不需要磁场的加入。因此，Berry 曲率可以写为：

$$\Omega_n(k) = i \sum_{n,m} (f_n - f_m) \frac{\langle \Psi_n | \hbar v_\alpha | \Psi_m \rangle \langle \Psi_m | \hbar v_\beta | \Psi_n \rangle}{(\varepsilon_m - \varepsilon_n)^2} \tag{2.111}$$

其中 f_n 为费米-狄拉克分布函数。

2.3.3 Z2PACK 简介以及 Z_2 拓扑不变量计算方法

Z2PACK 是一个可以计算材料拓扑不变量，分析材料能带拓扑性质的工具。它是通过追踪杂化瓦尼尔函数的演变过程来计算的。它最大的特点是灵活性很强，所谓灵活性是指它可以和多种计算软件和模型接口，比如第一性原理计算软件 Vasp、Abinit，以及紧束缚模型和 $K \cdot P$ 模型等均可与其接口。因此它不像先前提出的方法仅仅可以计算具有结构反演对称性结构的拓扑不变量，还可以计算不存在空间反演对称性结构的拓扑不变量。它目前的最新版除了可以计算拓扑不变量以外，还可以计算陈数。

本文主要使用该软件计算材料的 Z_2 拓扑不变量。Z_2 奇偶数值的不同代表着材料拓扑性质的不同，由 Z_2 描述的拓扑绝缘体有两个特点：首先，体系具有时间反

· 66 ·

2 理论方法与计算软件

演对称性；其次，体系的边缘态构成克拉默斯(Kramers)对。对于时间反演对称的体系，在其布里渊区的时间反演不变点有 Kramers 简并对，那么要连接其中的两个反演不变点的边缘态只能通过图 2.7 的两种方式实现。在图 2.7(a)中，可以看到边缘态穿过费米面偶数次，消失在体态中，即体系不存在边缘态。在 2.7(b)中，边缘态始终穿过费米面奇数次，只要体系存在带隙，那么体系就存在边缘态。体系的拓扑性质可以分别用这两种不同的边缘态来表示。当穿过次数为奇数(1)时代表材料为拓扑绝缘体，当穿过的次数为偶数(0)时代表材料并不是拓扑绝缘体。而这个拓扑不变量称为 Z_2 拓扑不变量。

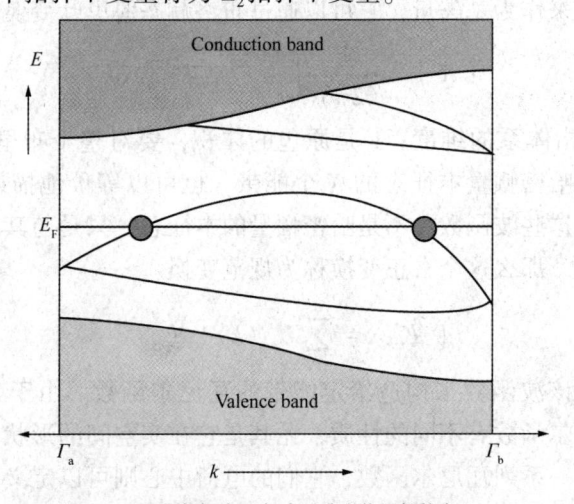

(a)边缘态(表面态)穿过费米能级偶数次

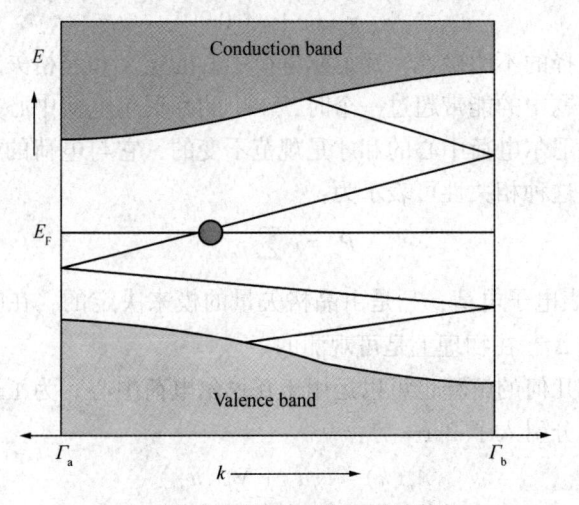

(b)边缘态(表面态)穿过费米能级奇数次

图 2.7 两个边界克拉默斯简并点 $\varGamma_\mathrm{a} = 0$ 和 $\varGamma_\mathrm{b} = \pi/a$ 范围内的电子结构

· 67 ·

Z2PACK 主要是根据追踪瓦尼尔电荷中心的演变来计算的。晶体中的电子态通常都是用布洛赫函数 $\Psi_{nk}(\vec{r}) = \langle \vec{r} \mid \Psi_{nk} \rangle$ 来表示的，根据布洛赫定理有：

$$\Psi_{nk}(\vec{r}) = e^{ik \cdot \vec{r}} u_n(\vec{r}) \tag{2.112}$$

其中的 n 是能带的序数，同时也有：

$$u_{nk}(\vec{r}) = u_{nk}(\vec{r} + R) \tag{2.113}$$

上式代表波函数的晶格周期部分，在遇到的一些问题中，最好使用局域的基矢量，由于布洛赫波函数在实空间中是非局域的，因此有必要调整波函数。可以使用瓦尼尔函数来作为基矢量，它可以通过布洛赫态傅里叶变换得到：

$$\mid R_n \rangle = \frac{V}{(2\pi)^d} \int_{BZ} e^{-ikR} \mid \Psi_{n, k} \rangle dk \tag{2.114}$$

其中，d 是指体系的维度；V 是原包的体积，要对整个布里渊区进行积分。一般对应布洛赫哈密顿量本征态的 N 个能带，也可以等价地描述为对应 N 个布洛赫波函数，而这些波函数并不是哈密顿量的本征态，只是与其本征态具有相同的希尔伯特空间。那么这个幺正变换称为规范变换：

$$\mid \widetilde{\Psi}_{mk} \rangle = \sum_{n=1}^{N} U_{nm}(k) \mid \Psi_{nk} \rangle \tag{2.115}$$

因此可以用该波函数来构造给定能带的瓦尼尔函数。由于其具有规范不变性，构造的瓦尼尔函数有不同的性质，尤其是它在实空间的形状和局域性可以有很大不同。给定一系列瓦尼尔函数，它们的电荷中心则可以定义为原包中瓦尼尔函数对应的电荷的平均位置：

$$\vec{r}_n = \langle 0n \mid \hat{r} \mid 0n \rangle \tag{2.116}$$

由于原包选择的不明确性，瓦尼尔电荷中心的定义和晶格矢量的模的大小有关。当所研究问题中的能带超过一个时，单个的瓦尼尔电荷中心并不是规范不变的，只有所有瓦尼尔电荷中心的和才是规范不变的，它与电荷的极化相关。对于一个一维体系，这种相关性可表示为：

$$P_e = e \sum_n \vec{r}_n \tag{2.117}$$

其中，e 代表电子电荷；P_e 是由晶格矢量的模来决定的，在哈密顿量连续改变下连续变化的 ΔP_e 在物理上是可观测的。

在 Zak 相的几何的解释也可以运用于瓦尼尔电荷中心。为了这样做，在布洛赫函数的周期部分引入了 Berry 势：

$$A_n(k) = i \langle u_{nk} \mid \nabla_k \mid u_{nk} \rangle \tag{2.118}$$

对于一维体系的瓦尼尔电荷中心可以运用瓦尼尔和布洛赫之间的变换重新以 Berry 势来定义。

$$\bar{x}_n - \frac{ia_x}{2\pi} \int\limits_{-\pi/a_x}^{\pi/a_x} \mathrm{d}k_x \langle u_{nk} \mid \partial_{k_x} \mid u_{nk} \rangle = \frac{a_x}{2\pi} \int\limits_{-\pi/a_x}^{\pi/a_x} \mathrm{d}k_x A_n(k_x) \qquad (2.119)$$

接下来将介绍如何运用瓦尼尔电荷中心来计算 Z_2 拓扑不变量。首先，给定瓦尼尔电荷中心：

$$\{\bar{x}^i_{\ n}: \ = \bar{x}_n(k_i), \ n \in \{1, \cdots, N\}, \ i \in 1, \cdots, M\} \qquad (2.120)$$

假设瓦尼尔电荷中心归一化，属于 $[0, 1)$。并定义 $g^i: \ = g(k_i)$ 为任何两个瓦尼尔电荷中心之间的最大带隙，也就是它到最近瓦尼尔电荷中心的距离 $\min\limits_n d(g^i, \ x^i_{\ n})$ 被最大化，其中 d 代表周期长度。这个距离可以这样来估算：

$$d(x, y) = \min\left[\ |1 + x - y|\mathrm{mod}1, \ (1 - x + y)\mathrm{mod}1 \ \right] \qquad (2.121)$$

对于每一步 $i \to i + 1$，满足条件：

$$\min(g^i, \ g^{i+1}) \leqslant \bar{x}_n^{\ i+1} < \max(g^i, \ g^{i+1}) \qquad (2.122)$$

满足式(2.122)的瓦尼尔电荷中心的数量被计算。这个数量和最大带隙与在 k_i 和 k_{i+1} 之间的瓦尼尔电荷中心交叉的个数是相等的。因此 Z_2 拓扑不变量可以由式(2.123)给出：

$$Z_2 = \left(\sum_{i=1}^{M-1} n_i \right)\mathrm{mod}2 \qquad (2.123)$$

Silicene/Bi双层异质结中的能谷电子学 ③

前面两章内容主要对二维材料的研究背景、能谷电子学相关内容以及理论基础做了阐述，在后面的章节中将对异质结的能谷电子予以介绍。其中第 3 章主要研究了 Silicene/Bi 异质结的能谷电子性质，包括能谷处能带的自旋劈裂以及能谷极化率等的研究。

3.1 概　述

运用电子的电荷来处理信息的传统电子学以及运用电子的自旋自由度作为信息载体的自旋电子学，在过去几十年得到了深入的研究和广泛的应用，对其研究已经达到了热力学和量子力学的极限。原则上，除了电荷和自旋，其他的量子自由度也可以被用来处理信息。而波数是一个和晶体中电子的动量相关的量子数。在一些材料的布里渊区中的一些特殊的 K 点有多个能谷，如 graphene、silicene、石墨、铋和硅等材料，这些能谷可以作为信息的载体来储存和处理信息。近年来，能谷电子学像自旋电子学一样，是一个广受关注且发展迅速的领域，它旨在通过这些特殊点处能谷的动量来处理和编码信息。截至目前，该研究领域中，只有超薄的过渡金属硫族化合物被认为是非常优秀的能谷电子学材料，因此，目前大多的研究都是集中于此类化合物。由于单层的过渡金属硫族化合物具有较强的自旋轨道耦合作用，以及能谷对比的 Berry 曲率、较大的自旋劈裂等性质，所以过渡金属硫族化合物中能谷和自旋的相互作用以及 Berry 相关的物理效应引起了人们强烈的兴趣，是目前研究的热点。

事实上，除了过渡金属硫族化合物，具有弱自旋轨道耦合作用的 Dirac 材料也是较好的能谷电子学的候选材料，如 graphene、silicene 等。与过渡金属硫族化合物相比，Dirac 材料也有很大的发展优势，主要有两个方面：首先，它们也具有能谷；其次，它们具有较大的相干长度、超高的电子迁移率和热导率以及超低损耗的弹道的载流子输运通道。但是 Dirac 材料在应用方面也存在一些劣势，比如 silicene，其布里渊区的 K 和 $-K$ 处有能谷，但是它的一些缺陷致使其在能谷电子学方面和过渡金属硫族化合物无法相比。主要原因是：第一，silicene 的自旋轨道耦合打开的带隙非常小，几乎为零，这使其不能有效地调节电子器件的开和关；第二，silicene 的自旋轨道耦合较弱，同时具有时间和空间反演对称性，这

3 Silicene/Bi双层异质结中的能谷电子学

些特点阻止了能谷和自旋的耦合，导致无法实现能谷和自旋的锁定。因此，如果能够在 silicene 中打开一个可观的带隙，并且引入强的自旋轨道耦合作用，进而可以打开其在能谷电子学方面的应用。

在本章中，沿着将弱 SOC 的狄拉克材料和具有较强自旋轨道耦合作用的二维材料构成异质结，进而在狄拉克材料中引入强的 SOC 以及打破其空间反演对称性的思路，通过运用基于密度泛函理论的第一性原理计算的方法研究了 silicene 和 Bi(111) 双层构成的异质结 silicene/Bi 体系。主要得到如下的结论：(1)通过与 Bi 双层的近邻效应，silicene 获得了较大的自旋劈裂；(2) silicene 与 Bi 双层之间强烈的相互作用在 silicene 原有的 Dirac 能谷处打开了可观的带隙；(3)研究发现异质结体系的自旋劈裂和 Berry 曲率均具有能谷对比性质，因此该体系可以实现能谷相关的谷电子学现象。

3.2　计算模型与方法

3.2.1　计算模型

本节的研究对象是由单层硅烯(silicene)和铋双层(Bi bilayer)构成的异质结。这两种材料本身的结构如图 3.1 所示，均具有六角蜂窝状晶格和褶皱的结构。首先对这两种材料的原包进行了优化，得到了它们的稳定结构和晶格常数。二者的晶格常数分别为 3.866Å 和 4.52Å，褶皱的厚度分别为 0.44Å 和 1.66Å，这个结果与先前其他研究工作者的研究结果一致。根据计算所得的晶格常数，将这两种材料进行了匹配，发现(2×2)-silicene 和 ($\sqrt{3} \times \sqrt{3}$)-Bi (111)双层匹配时匹配误差较小，为 1.2%。因此选取了由单层的(2×2)-silicene 和($\sqrt{3} \times \sqrt{3}$)-Bi(111)双层构成的异质结。基于此，利用 MS 来建立异质结模型，图 3.2 分别描述了三种不同堆垛结构的俯视图和侧视图。其中(a)、(b)图中 silicene 中最边缘的两个原子分别位于 Bi 双层中下层边缘 Bi 原子的正上方(top 位)；(c)、(d)则是在(a)的基础上任意移动一个距离；(e)、(f)则是硅烯中的两个原子与 Bi 双层中上层的两个原子对齐，在其正上方。经过优化之后，第三种堆垛方式最为稳定。因此在下面的电子性质等方面的研究也是在这个最稳定的结构基础上进行的。

· 73 ·

新型低维材料异质结的能谷电子 **性质及调控**

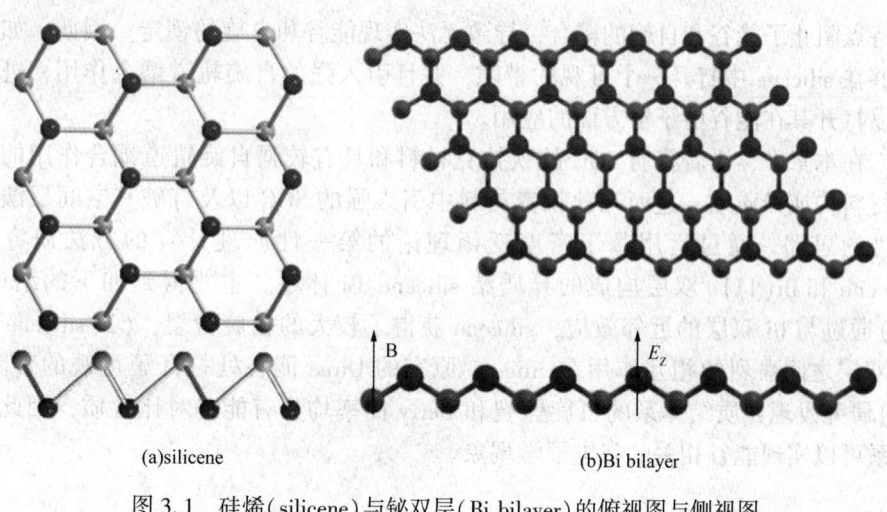

(a)silicene　　　　　　　　　　　　(b)Bi bilayer

图 3.1　硅烯(silicene)与铋双层(Bi bilayer)的俯视图与侧视图

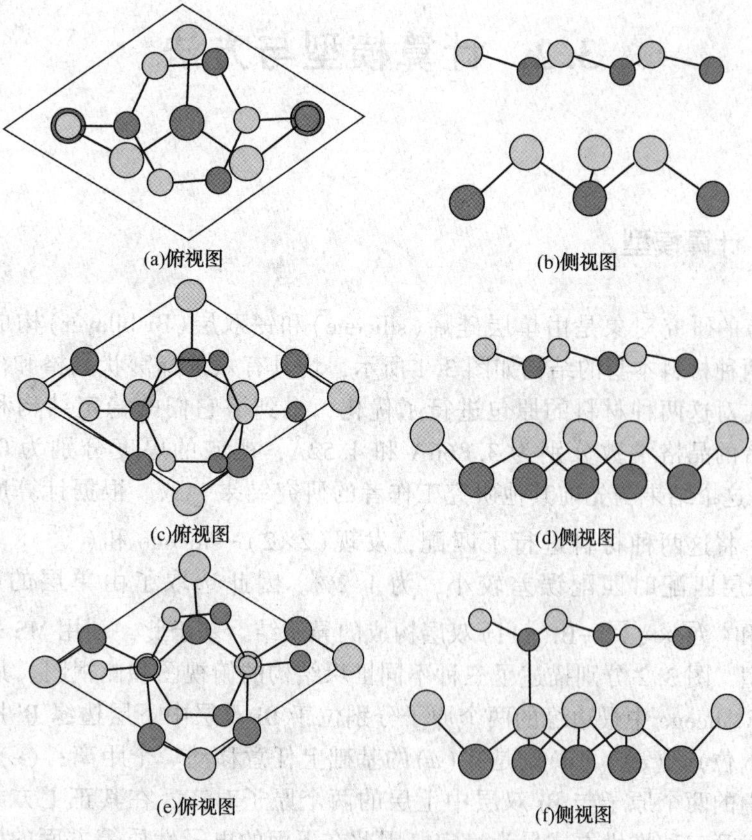

(a)俯视图　　　　　　　　　　　(b)侧视图

(c)俯视图　　　　　　　　　　　(d)侧视图

(e)俯视图　　　　　　　　　　　(f)侧视图

图 3.2　三种不同的匹配结构计算模型

浅色和深色小球分别代表 silicene 的上层和下层的 Si 原子，浅色和深色大球分别代表 Bi 的上、下层原子

· 74 ·

3.2.2　计算方法

　　整个计算过程采用的是基于密度泛函的第一性原理计算软件包 VASP。过程中通过 PAW 方法来描述最外层价电子和离子实之间的相互作用，交换关联泛函选取了基于广义梯度近似的 PBE 泛函。此外，还考虑了两种材料之间的范德瓦尔斯作用力，因而在计算过程中采用 vdW-DF(optB88-vdW)方法对相互作用力做了修正。计算过程中相关参数设置如下：平面波的截断能为 400eV，在布里渊区 K 点网格取样采用 Monkhorst-Pack 方法，为 $6 \times 6 \times 1$；在结构优化过程中，原子受力收敛标准为小于 $0.02\text{eV} \cdot \text{Å}^{-1}$，能量收敛标准为 $1 \times 10^{-5}\text{eV}$；在计算能带结构的过程中还考虑了体系的自旋轨道耦合作用。此外，分别采用了软件 Wannier90 和 Z2PZCK 计算体系的 Berry 曲率和拓扑不变量 Z_2。

3.3　计算结果与分析

3.3.1　异质结结构的分析

　　在以下内容中简称硅烯与 Bi 双层构成的异质结为异质结 Si/Bi。首先对异质结结构的稳定构型进行了研究。经过优化后稳定结构的俯视图和侧视图如图 3.3 所示。从图中可以看出，silicene 结构中位于下层的 Si_1 和位于上层的 Si_2 分别位于处于上层的 Bi 原子 Bi_1 和 Bi_2 的正上方。经过测量可知，优化后 silicene 的平均褶皱从原来的 0.44Å 增加到 0.48Å，同时 Bi 双层的厚度由原来的 1.66Å 变为 1.63Å。和其他与其等价的 Si 原子相比，Si_1 和 Si_2 分别向下移动了 0.18Å 和 0.50Å，而位于它们正下方的 Bi_1 和 Bi_2 也均向下移动了 0.32Å，因而 silicene 和 Bi 双层之间的距离为 2.90Å。通过 Si 与 Bi 原子优化过程中的位置的变化，以及图 3.2(b)中的电荷密度分布，可以看出 silicene 和 Bi 双层之间存在强烈的相互作用。为了更直观，我们还量化地研究了它们之间相互作用的强弱，根据公式 $E_b = E_{silicene} + E_{Bi} - E_{Si/Bi}$ 计算了 silicene 和 Bi 双层之间的结合能，用获得的这个结果再除以硅烯的原子个数，结果发现平均每个 Si 原子的结合能为 68meV，该数值比 silicene 和 Ag(111) 之间的结合能低很多，但高于 silicene 和 BN 之间的结合能。

需要指出，尽管构成异质结的 silicene 和 Bi 双层均具有空间反演对称性，但是从图 3.3 中明显可以看出异质结在 z 方向反演对称性被打破，通过数据分析发现体系面内的反演对称性也消失。因此二者构成的异质结只具有时间反演对称性，但不具有空间反演对称性。

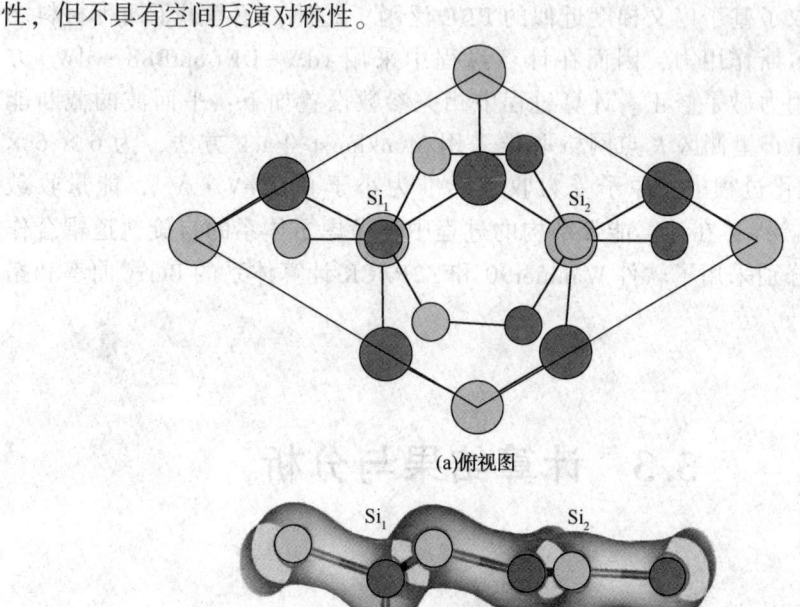

(a)俯视图

(b)侧视图

图 3.3 弛豫后的 Silicene-(2×2)/Bi(111)-$(\sqrt{3}\times\sqrt{3})R\,30°$ 体系的结构图

注：浅色和深色的小球分别代表处于 silicene 的上层和下层的 Si 原子，深色和浅色的大球分别代表 Bi 的上层和下层原子。Si_1 和 Si_2 代表分别处于上层 Bi_1 和 Bi_2 原子正上方的下层、上层 Si 原子。(b) 中的阴影部分代表体系优化后的总的电荷密度分布。

3.3.2 异质结的自旋劈裂的分析

为了分析强自旋轨道耦合作用的材料 Bi 双层的引入对原来弱自旋轨道耦合作用的材料 silicene 自旋劈裂的影响，首先计算了完美 silicene 和 Bi 双层的电子

3 Silicene/Bi双层异质结中的能谷电子学

能带结构，如图 3.4 所示。完美 silicene 在考虑自旋轨道耦合情况下，K 能谷处打开 1.2meV 的带隙。Bi 双层在 Γ 点有 0.57eV 的带隙，为拓扑绝缘体。这两个能带结构可与后期异质结能带相比较。

接下来计算异质结 Si/Bi 的能带结构，如图 3.5 所示，从图 3.5 中可以看出，其能带结构可以看成 silicene[图 3.4(a)]和 Bi 双层[图 3.4(b)]能带结构的叠加。

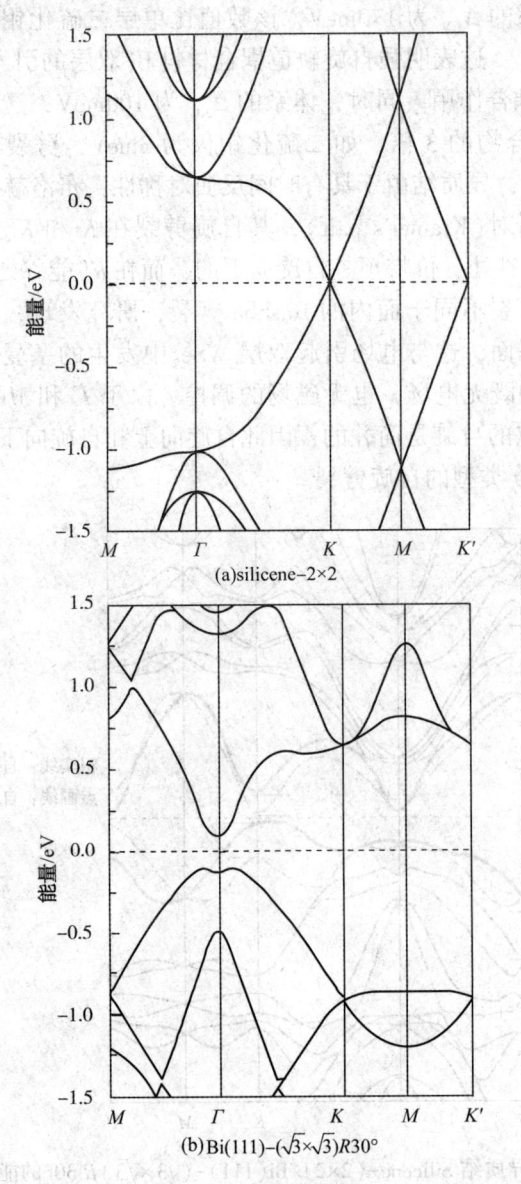

图 3.4　能带结构图

然而，由于 Si 原子与 Bi 原子之间强烈的相互作用，异质结的能带结构还是有一些改变。原来位于 silicene 的 K 和 K' 处的 Dirac 能谷在异质结得以保留，同时在能谷处打开的带隙由原来的 1.2meV 增加到 44meV。由于 Bi 原子具有强的自旋轨道耦合作用，同时体系的结构反演对称性被打破，因此分析了体系的能带的劈裂。如图 3.5 所示，价带顶和导带底在能谷处的自旋劈裂分别用 Δ_{KV} 和 Δ_{KC} 来表示。分析发现体系的 Δ_{KV} 为 170meV，该数值比单层二硫化钼能谷处价带顶的劈裂还要高出 20meV，这表明强自旋轨道耦合材料 Bi 双层的引入有效地增强了 silicene 的自旋轨道耦合作用。同时，体系的 Δ_{KC} 为 100meV，这个数值至少是单层过渡金属硫族化合物的 3 倍，如二硫化钼仅为 3meV，劈裂最大的二硒化钨为 36meV。除此之外，异质结由于具有时间反演对称性，布洛赫电子态在 K 和 K' 能谷处形成克拉默斯对（Kramer's pair），其自旋劈裂在 K 和 K' 能谷处相反，如图 3.5 所示，在 K 能谷处，价带顶是自旋向下的，而在 K' 能谷处，价带顶是自旋向上的。这种自旋劈裂不同于面内的 Rashba 劈裂，研究发现，在能谷处的自旋矢量垂直于异质结平面，这与电场引起双层 WSe_2 中发生的塞曼劈裂是一样的。但是在当前的体系中既无电场，也无磁场的调控。由于 Γ 和 M 均是时间反演不变的 K 点，在这两点的自旋是简并的，因此自旋向上和自旋向下的能带在这两点处交叉，形成 Rashba 类型的自旋劈裂。

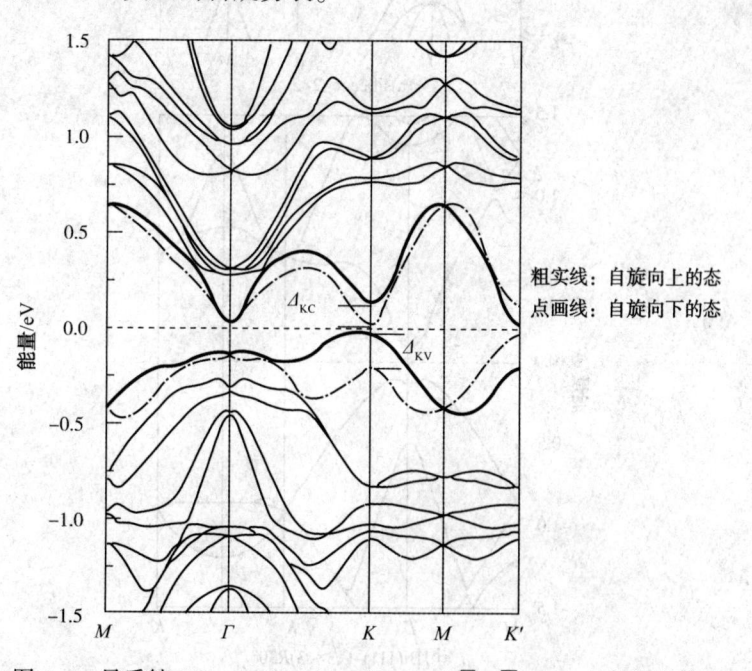

图 3.5　异质结 Silicene-(2×2)/Bi(111)-($\sqrt{3}\times\sqrt{3}$)R30°的能带结构图

3 Silicene/Bi双层异质结中的能谷电子学

在 Dirac 材料 silicene 中，无论是通过加电场还是通过掺杂过渡金属原子的方法，还从来没有引起过如此大的自旋劈裂。为了深入地挖掘引起巨大自旋劈裂的原因，计算了布洛赫波函数在每个原子上的投影以及价带顶和导带底在 K 能谷处的电荷分布。如图 3.6 和图 3.7 所示，在能谷处，价带顶和导带底大约有 50%的

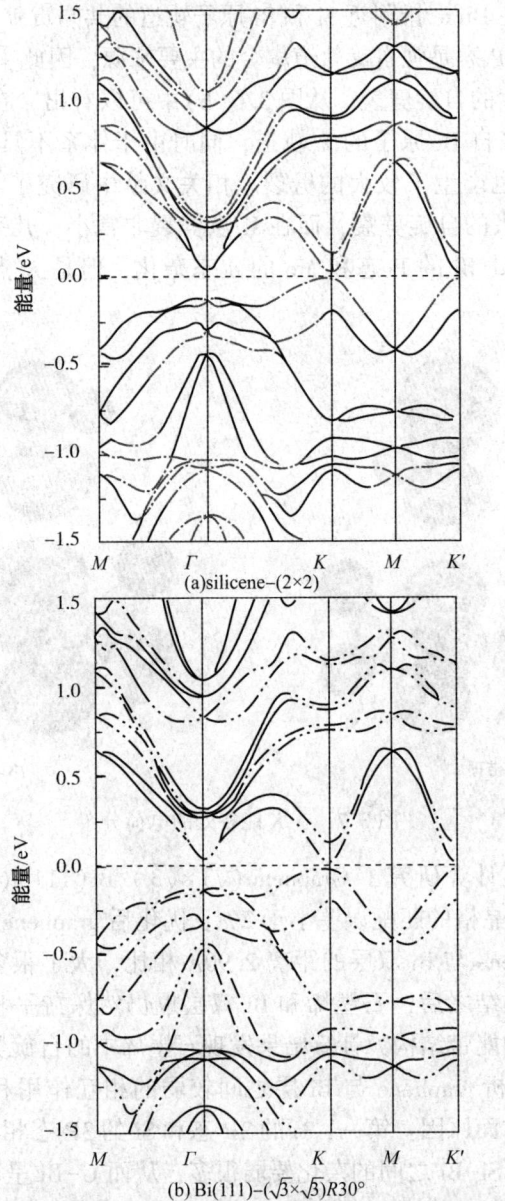

(a)silicene–(2×2)

(b) Bi(111)–($\sqrt{3}\times\sqrt{3}$)$R30°$

图 3.6 异质结的能带结构图

注：点画线和双点画线电子态分别代表由 Si 和 Bi 贡献，标准为 0.48。

· 79 ·

电子态由 Si 的 P_z 轨道贡献，另外的 50% 由 Bi 的 P 轨道贡献。由图 3.7(a) 和图 3.7(b) 可看出，K 能谷处价带顶的电子态主要由上一层 Si 原子的 P_z 轨道贡献；对于导带底的电子态则主要是由下一层 Si 原子贡献。而不论是价带顶还是导带底，Bi 双层中参与贡献的大多为下一层中的 Bi 原子，而在上一层中仅 Bi_1 和 Bi_2 原子参与贡献。在 Dirac 锥附近 Si 和 Bi 原子轨道的共同贡献说明二者轨道强烈地杂化。由于 Bi 的 P 态是强自旋轨道耦合的主要来源，因此主要是由于 Bi 的 P 轨道诱发了体系较大的自旋劈裂。从图 3.6(b) 中可以看出，在 Γ 点，费米能级附近的电子态主要来自 Bi 原子的 P 轨道，同时由于体系不具有空间反演对称性，因此在 Γ 点能带也产生了较大的劈裂。相关文献中研究了 $MoS_2/Bi(111)$ 体系，在 Γ 点发现了较大的自旋劈裂，而在 K 点劈裂非常小，几乎为零，主要原因在于该体系中 Γ 点处 Bi 的 P 态和 Mo 的 d 态杂化，但是 K 点二者并没有轨道的杂化。

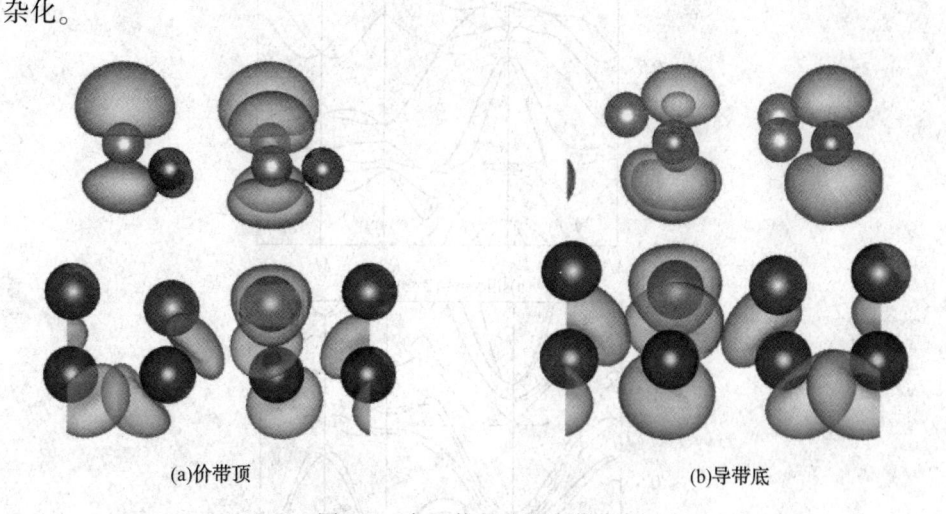

(a)价带顶　　　　　　　　　　(b)导带底

图 3.7　在 K 能谷处的电荷分布

为了对比，还计算研究了 $Graphene(\sqrt{3}\times\sqrt{3})/Bi(111)(1\times1)$ 异质结，如图 3.8 所示，该体系晶格的匹配误差小于 2%。优化后 graphene 与 Bi 双层的距离为 3.67Å，这和 silicene 与 Bi 双层的距离 2.90Å 相比，大了很多。因此，从图中也可以看出构成异质结之后，石墨烯和 Bi 双层也仍然保持平整的结构。此外，也计算了该异质结的能带结构，计算结果发现石墨烯中的自旋劈裂几乎为零，如图 3.9 所示。通过分析 graphene 与 Bi 层之间较弱的相互作用和几乎为零的自旋劈裂，基于以下两方面原因：第一，C 的 2P 态和 Si 的 3P 态相比更加局域，因此 C—Bi 之间的杂化比 Si-Bi 之间的杂化要弱很多，从而 C-Bi 呈现比 Si-Bi 更弱的相互作用，也因此导致 graphene-Bi 双层比 silicene-Bi 双层之间的层间距大很多；第二，graphene 的结构是一个平面，不像 silicene 存在褶皱，因此 graphene 与 Bi

3 Silicene/Bi双层异质结中的能谷电子学

双层之间的杂化并不像 silicene 与 Bi 双层之间的杂化那么有效，原因在于结构自身的褶皱可以有效增强材料的自旋轨道耦合作用，如 silicene 本身的 SOC 要比 graphene 本身的强很多。

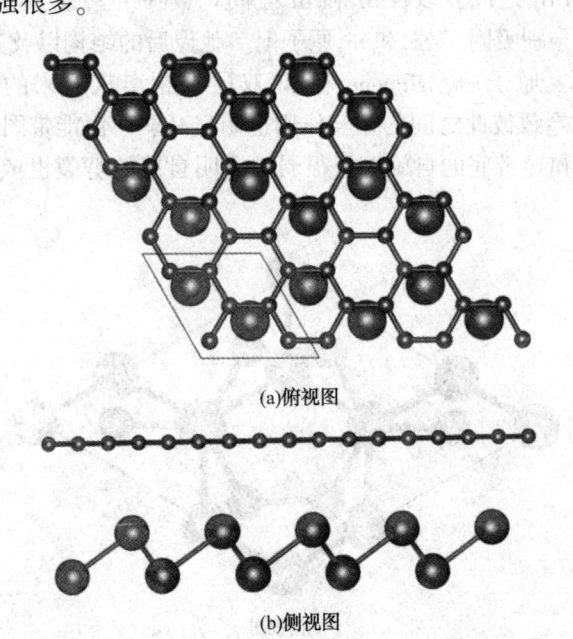

(a)俯视图

(b)侧视图

图 3.8　Graphene($\sqrt{3}\times\sqrt{3}$)/Bi(111)(1×1)异质结的俯视图和侧视图

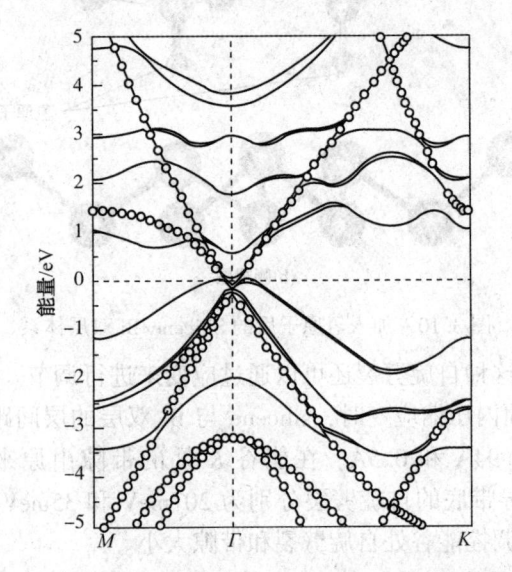

图 3.9　Graphene($\sqrt{3}\times\sqrt{3}$)/Bi(111)(1×1)异质结的能带结构图

注：圆点部分代表由石墨烯贡献的电子态。

· 81 ·

除上述原因之外，Si 原子和 Bi 原子的直接接触也是造成 silicene 和 Bi 双层之间强相互作用，以及能带的巨大劈裂的原因之一。为验证这一点，在图 3.2 所示的结构中 Si_1 和 Bi_1 之间，以及 Si_2 和 Bi_2 之间均放一个氢原子进行弛豫，而后发现这两个氢原子分别吸附于 Si_1 和 Si_2 原子上。弛豫后的结构以及其能带如图 3.10 所示，发现加入氢原子后，silicene 和 Bi 双层的距离从原来的 2.9Å 增加到了 4.2Å，因此它们导致彼此之间的相互作用也明显减弱。由能带图 3.11 可以看出，在能谷处价带顶和导带底的自旋劈裂很弱，说明自旋的劈裂也依赖于 Si—Bi 之间的距离。

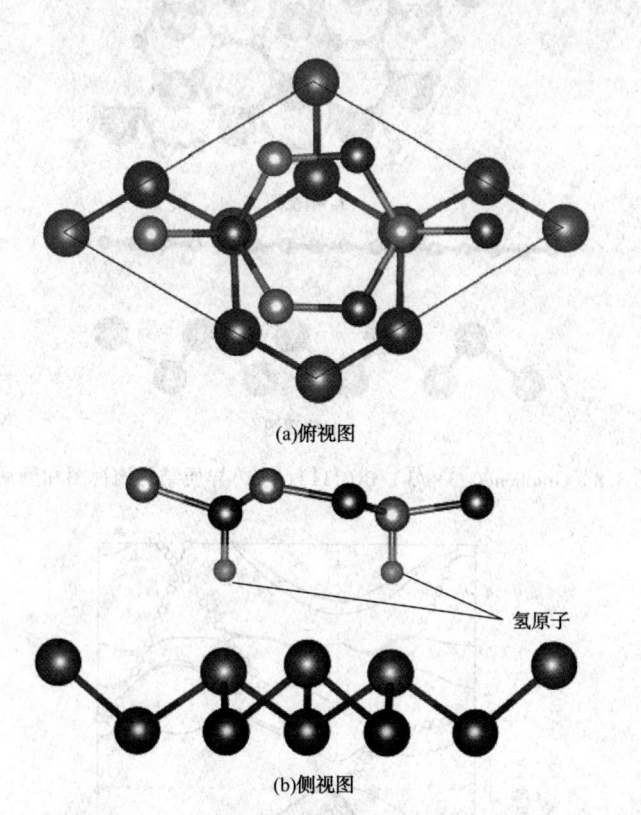

(a)俯视图

氢原子

(b)侧视图

图 3.10　加入氢原子后的 Silicene/Bi 双层体系

经计算发现，这种自旋劈裂还可以通过应变来进行调节。当对图 3.2 所示的体系施加 2.7%的面内压缩应变时，silicene 与 Bi 双层的层间距离以及 silicene 的褶皱分别增加到 2.94Å 和 0.5Å。在能谷 K 处的带隙由原来的 44meV 增加到 98meV，价带顶和导带底的自旋劈裂分别为 207meV 和 35meV。由此可见，可以通过应变方式有效调控能谷处自旋劈裂和带隙大小。

3 Silicene/Bi双层异质结中的能谷电子学

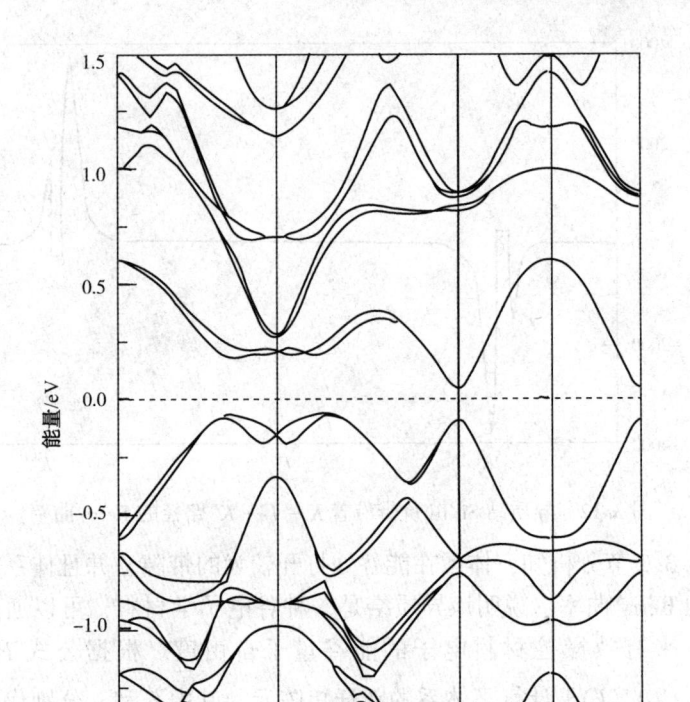

图 3.11　加入氢原子后的 Silicene/Bi 双层体系对应的能带结构图

3.3.3　异质结中能谷电子性质的分析

从上一节对异质结电子结构的分析可知，异质结很好地保留了 silicene 原来的能谷。由于时间反演对称性，在 K 和 K' 处有两个不等价的能谷。在本小节中将分析异质结中与能谷相关的物理量以及现象。

首先，研究了异质结的 Berry 相效应。计算了体系的 Berry 曲率 $\Omega_n(k)$，Berry 曲率在时间反演对称性存在的条件下是一个奇函数，如果空间反演对称性存在，那么它就是一个偶函数，比如，二维材料 silicene，既具有时间反演对称性又具有空间反演对称性，所以它的 Berry 曲率为零。而在本章研究的异质结中，silicene 与 Bi 双层之间强烈的相互作用打破了体系的空间反演对称性，因此体系将会出现非零的 Berry 曲率以及能谷对比性质。根据公式 $\Omega_{n,z}(k) = -2Im\langle \partial u_{nk}/\partial k_x | \partial u_{nk}/\partial k_y \rangle$ 计算了 Berry 曲率的 z 分量，其中 u_{nk} 是布洛赫态的周期部分。如图 3.12 所示，计算所得的 Berry 曲率在能谷 K 和 K' 处具有大小相反的非零值。

· 83 ·

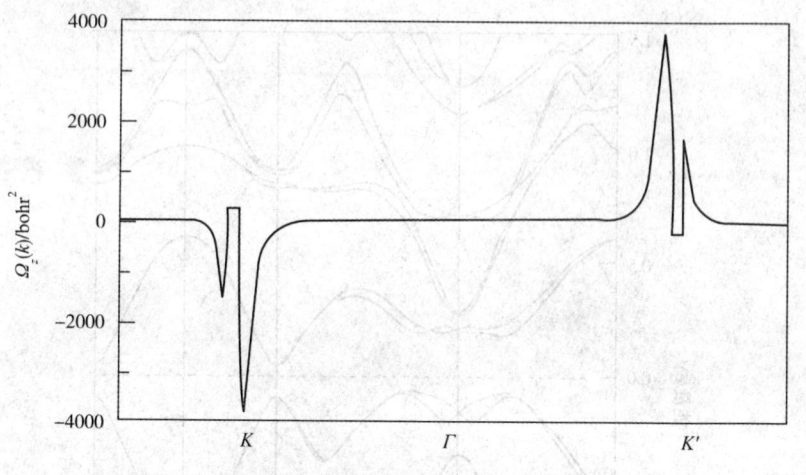

图 3.12 异质结 Si/Bi 价带沿着 $K - \Gamma - K'$ 路径的 Berry 曲率

根据 3.3.2 节分析知，体系在能谷处打开较大的带隙，并且体系在不同能谷具有相反的 Berry 曲率，说明该异质结是一种谷电子学材料，可以通过选择性光注入等方法来有效操控材料电子的能谷量子自由度。根据公式 $P^{cv}_{\pm}(k) = 1/\sqrt{2}[P^{cv}_x(k) \pm iP^{cv}_y(k)]$ 计算了体系的跃迁矩阵元，其中 c 和 v 分别代表导带底和价带顶，"+" 和 "−" 分别代表左旋偏振光和右旋偏振光。导带和价带之间的跃迁矩阵元根据公式 $P^{cv}(k) = \langle \Psi_{ck} | \hat{P} | \Psi_{vk} \rangle$ 来计算。计算结果显示，在 K 能谷处 $P^{cv}_{+}(k) \gg P^{cv}_{-}(k)$，这表明体系在 K 能谷只选择吸收左旋偏振光，在 K' 能谷处只吸收右旋偏振光。通过下面的公式：

$$\eta(k, \omega_{cv}) = \frac{|P^{cv}_{+}(k)|^2 - |P^{cv}_{-}(k)|^2}{|P^{cv}_{+}(k)|^2 + |P^{cv}_{-}(k)|^2}$$

还计算了体系的圆偏振极化率。如图 3.13 所示，在能谷 K 和 K' 处 η 的值分别为+1 和−1，表明异质结具有完美的能谷光选择二色性，说明可以通过左旋或者右旋光来激发 K 和 K' 能谷处的载流子，实现能谷的极化。

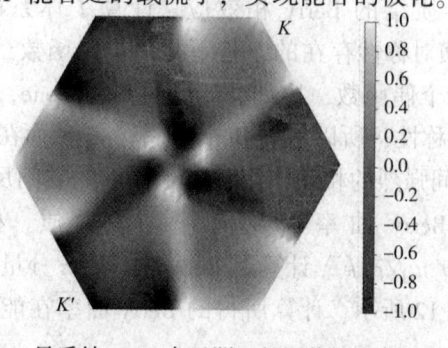

图 3.13 异质结 Si/Bi 布里渊区的圆偏振二色性结果图

· 84 ·

3 Silicene/Bi双层异质结中的能谷电子学

　　由于体系具有时间反演对称性,所以自旋劈裂在 K 和 K' 两个不等价能谷处是正好相反的,这意味着可以同时操控自旋和能谷这两个自由度,即自旋和能谷相互锁定,相互依赖。自旋劈裂的相反暗示了能谷的极化会同时伴随着自旋的极化。这种自旋和能谷的同时极化也可以通过用携带适当能量的圆偏振光光子的注入来实现。如图 3.14 所示,可以通过 σ^+ 光子和 σ^- 光子分别来激发 K 和 K' 能谷处的载流子。如果将自旋自由度考虑进去的话,那么光跃迁只会发生在具有相同自旋的能带,其不仅依赖于自旋,同时依赖于能谷。从图 3.14 中还可以看出,具有 219meV 能量的 σ^+ 光子只能够激发 K 能谷处自旋向上的载流子,而具有相同能量的 σ^- 光子只能激发 K' 能谷处自旋向下的载流子,表明载流子的能谷与自旋相互锁定。另外,能谷的极化和自旋的极化在该异质结中也是比较稳定的,是由于能谷之间的散射需要动量和自旋同时反转,比较困难,因此大部分受到抑制。在过渡金属硫族化合物中,能谷圆偏振二色性发生在可见光范围,在本章的异质结体系则发生在红外光范围。

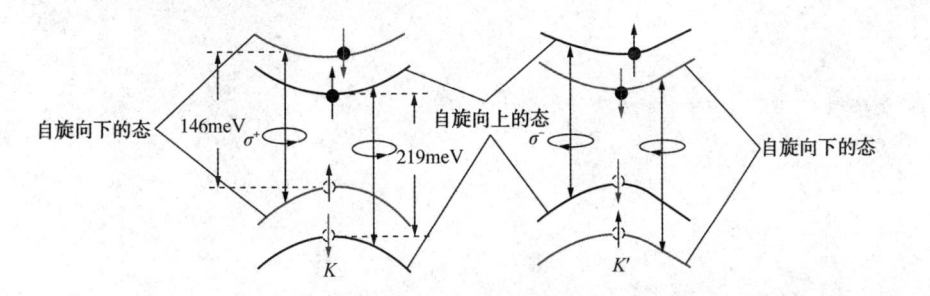

图 3.14　在 K 和 K' 能谷处,相同自旋之间的带隙以及能谷光选择定则示意图

　　另外,还研究了体系的拓扑性,通过对 Z_2 的计算发现,虽然构成异质结的 silicene 和 Bi 双层均为二维的拓扑绝缘体,但是异质结体系并没有保留拓扑绝缘体的性质。

3.4　本章小结

　　在本章中,根据将二维弱自旋轨道耦合作用的 Dirac 材料与具有强自旋轨道耦合作用的材料构成异质结是否可以增强 Dirac 材料的 SOC,以及调节其电子结构实现能谷对比性质的思路,研究了 silicene 与 Bi 双层构成的异质结体系,发现 Bi 双层的引入可以诱导 silicene 增强自旋轨道耦合作用,并且也可以实现能谷对比性质。

通过第一性原理的计算发现，通过近邻效应可以使原本无带隙、自旋劈裂几乎为零的 silicene 成为谷电子学材料。由于 silicene 和 Bi 的相互作用，体系的空间反演对称性打破，导致异质结的 Berry 曲率在 K 和 K' 能谷处具有大小相反的非零值。同时，Si 和 Bi 之间强烈的轨道杂化导致了异质结在能谷处巨大的自旋劈裂，并且在能谷处打开较大的带隙。由于时间反演对称性的存在，Berry 曲率和自旋劈裂在 K 和 K' 能谷处都是相反的，因此体系可以实现能谷与自旋的锁定。还通过计算体系圆偏振极化的跃迁矩阵发现体系具有非常明显的能谷圆偏振光选择二色性。因此可以通过与具有较强 SOC 的材料构成异质结的方法来使弱 SOC 材料的硅烯实现较大自旋劈裂，以及实现其在能谷电子学方面的应用。

Germanene/SbF异质 4
结中的能谷电子学

本章利用第一性原理计算的方法研究了由锗烯与氟化锑构成的异质结，主要研究了其结构的稳定性、电子结构和能谷电子特性以及拓扑特性。在本章中设计的两种晶格结构为 Germanene/Sb 和 Germanene/SbF。

4.1 概　述

能谷电子学是继自旋电子学之后的下一代电子学，其利用电子的能谷自由度作为信息的载体来储存和处理信息，具有损耗低、速度快等特点。与自旋电子学相比，能谷电子学具有不受外界磁性干扰的优点，是目前研究的热点之一。目前，能谷电子学研究主要集中于完美的能谷电子学材料过渡金属硫族化合物，主要原因是：在实验上制备方法已经完善，如各种尺寸及形状、单层或者多层的，以及面内或者垂直异质结的制备均已实现；单层材料不具有空间反演对称性，具有属于可见光范围的直接带隙，在布里渊区互为时间反演的高对称点存在能谷；单层材料由于结构反演对称性被打破，具有较强自旋轨道耦合作用，能带发生较大的自旋劈裂，可以实现一切和能谷相关的物理性质，在能谷电子学器件和光电子器件方面具有重大的潜在应用价值。但是石墨烯类的二维 Dirac 材料本身就具有两个时间反演对称的能谷，且在输运方面的优势非常突出，电子迁移率远超过过渡金属硫族化合物，如果能够通过调制能带结构使得此类材料运用于能谷电子学器件，不仅能够有效地发挥其优势，还能有效拓宽能谷电子学材料的范围。

自发现石墨烯以来，人们对其他碳族的单原子层产生了极大的兴趣。2009年，Cahangirov 等在理论上的研究表明，和石墨烯类似的具有褶皱结构的单层 germanene 可以稳定地存在，和 graphene 一样，具有无质量的 Dirac 粒子以及较高的电子迁移率。2011 年，Yao 等研究发现这种蜂窝结构的 germanene 还可以实现量子自旋霍尔效应。2013 年，Baskaran 等通过对 germanene 进行掺杂实现了 germanene 的高温超导的性质。近期在实验研究方面也取得重要进展。2014 年，Li 等通过在 Pt(111) 基底表面上生长，成功地制备了 $\sqrt{19} \times \sqrt{19}$ 的 germanene 单层。同年，Dávila 等也在 Au 表面成功制备了纯净的单层 germanene。2012 年，Ni 等的理论研究表明，通过电场调控 germanene 的能带结构，在 Dirac 锥处打开带隙，可以在室温下实现场效应晶体管的应用。

在本章中，继续沿着上一节的思路，通过将二维弱自旋轨道耦合作用的 germanene 与强自旋轨道耦合作用的材料 SbF 构成异质结，进而起到调制其能带结构和诱导增强 germanene 自旋轨道耦合强度的作用。异质结在 germanene 原有的 Dirac 能谷处打开带隙，互为时间反演对称的两个能谷获得非零的相反的 Berry 曲率，可实现圆偏振光激发产生的能谷极化。并且能带发生自旋劈裂，实现能谷与自旋的相互锁定以及能谷相关的物理现象。

4.2　计算模型与方法

4.2.1　计算模型

在本章中所涉及到的计算模型共有两种。第一种是由(1×1)的锗烯(germanene)和(1×1)的锑(Sb)(111)面构成的异质结 Germanene(1×1)/Sb(1×1)，如图 4.1 所示。这两种材料的晶格常数分别为 4.063Å 和 4.29Å，因而匹配误差为 5.3%。第二种是由(5×5)的锗烯和(4×4)的氟化锑构成的异质结，如图 4.2 所示。SbF 是由 Sb(111)上、下表面吸附 F 原子形成的，晶格常数为 5.12Å。该异质结的匹配误差为 0.8%。

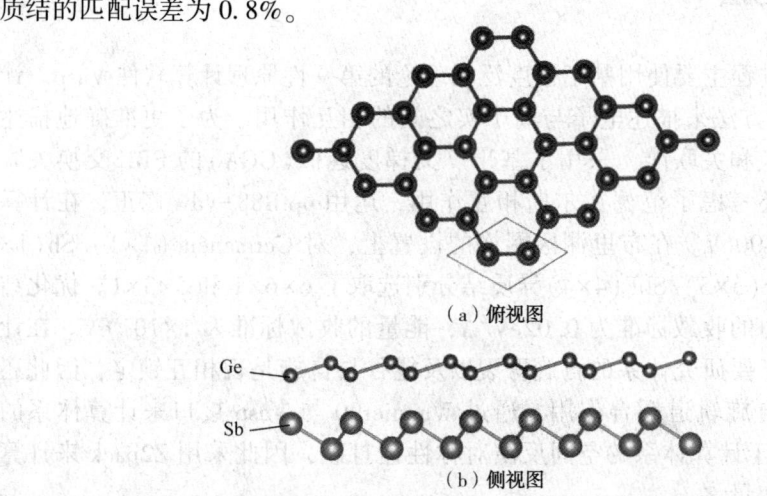

（a）俯视图

（b）侧视图

图 4.1　异质结 Germanene-(4×4)/Sb(111)-(4×4)优化后的结构

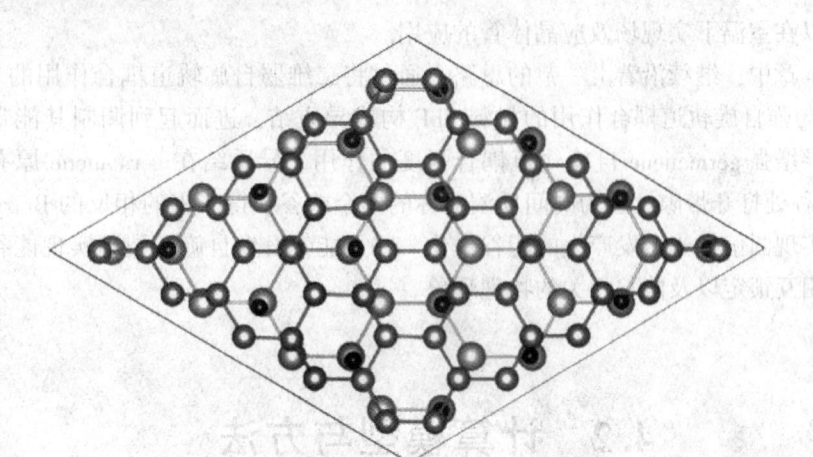

(a)俯视图

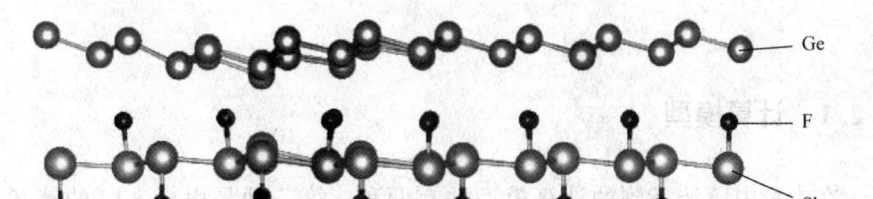

— Ge

— F

— Sb

(b)侧视图

图4.2 Germanene-(5×5)/SbF-(4×4)优化后的结构

4.2.2 计算方法

整个计算过程主要使用基于密度泛函理论的第一性原理计算软件 Vasp。计算中采用 PAW 方法来描述电子与离子实之间的相互作用。为了更准确地描述电子之间的交换和关联能，采用了基于广义梯度近似（GGA）的 PBE 交换关联势函数，同时还考虑了范德瓦尔斯相互作用，运用 optB88-vdw 修正。在计算中截断能设为 400eV。在布里渊区网格的设置上，对 Germanene(1×1)/Sb(1×1) 和 Germanene(5×5)/SbF(4×4) 异质结分别选取了 $6\times6\times1$ 和 $3\times3\times1$。优化结构的过程中，力的收敛标准为 $0.02eV/Å$，能量的收敛标准为 $1\times10^{-5}eV$。在计算过程中，由于要研究体系的自旋劈裂以及能谷与自旋是否相互锁定，因此还考虑了体系的自旋轨道耦合作用。通过 Wannier90 与 Vasp 接口来计算体系的 Berry 曲率，由于计算体系的空间反演对称性被打破，因此采用 Z2pack 来计算体系的拓扑不变量 Z_2。

4.3 计算结果与分析

4.3.1 异质结 Ge/Sb 结构与电子结构分析

为了确保计算的准确性以及结果的对比分析，首先计算了纯净的单层 germanene 和 Sb(111)双层。计算过程中选用的晶格常数分别为 4.063Å 和 4.29Å。计算发现 germanene 和 Sb(111)均具有褶皱的结构，并且褶皱起伏分别为 0.69Å 和 1.58Å。此外，还计算了二者的能带结构，如图 4.3 所示，当考虑体系的自旋轨道耦合作用时，germanene 在 Dirac 能谷处打开了 23meV 的带隙，Sb(111)在 Γ 点打开 1.02eV 的带隙。计算结果与文献中的结果符合得很好。接下来主要研究了如图 4.1 和图 4.2 所示的两个异质结结构，一个是由单层 germanene 和 Sb 双层构成的 Germanene−(1×1)/Sb(111)−(1×1)异质结，一个是由单层 germanene 和 Sb 双层 F 化后的 SbF 构成的 Germanene−(5×5)/SbF−(4×4)异质结。为了方便陈述，两个体系分别称为 Ge/Sb 和 Ge/SbF，它们的匹配误差分别为 5.3% 和 0.8%。

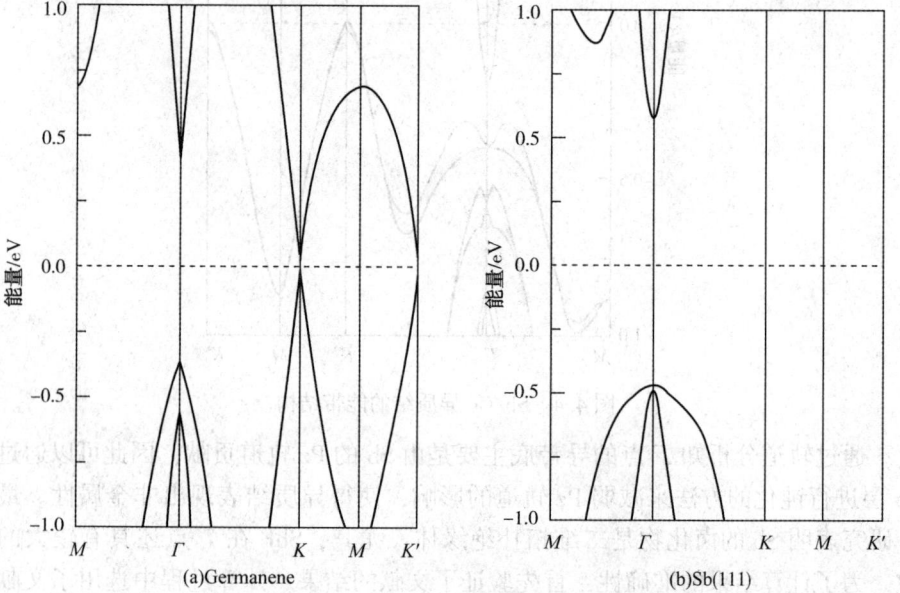

图 4.3 考虑自旋轨道耦合后，germanene 和 Sb(111)双层的能带结构

首先对 Ge/Sb 异质结的结构进行优化，优化结果如图 4.1(a) 所示，它具有六角晶格结构。Ge/Sb 异质结由 4 个原子构成，通过计算两种不同的原子对位结构，发现当 germanene 中的下层 Ge 原子正对着 Sb 层中的上层 Sb 原子时结构最稳定。优化后 Ge 层和 Sb 层之间的最近距离为 2.9Å。它们的褶皱起伏分别为 0.72Å 和 1.57Å，和纯净的 germanene 与 Sb 双层的褶皱高度相比没有太多改变。接下来计算了异质结的能带结构，如图 4.4 所示。从图中可以看出，在高对称点 K 处的带隙增大约 0.5eV，同时有自旋劈裂发生，但是在 Γ 点有能带穿过费米能级。与图 4.3(a) 相比，germanene 原来在 K 点和 K' 处的导带的能谷并没有得到保留，体系表现出金属性。germanene 和 Sb 的轨道进行杂化，导致原本 Γ 点位于费米能级以上的导带向下移动并穿过费米能级，K 点原本的导带向上移动，能谷消失。尽管 Sb(111) 能够在能谷处产生带隙以及自旋劈裂，但是金属性的能带结构不能实现能谷的极化以及相关性质。

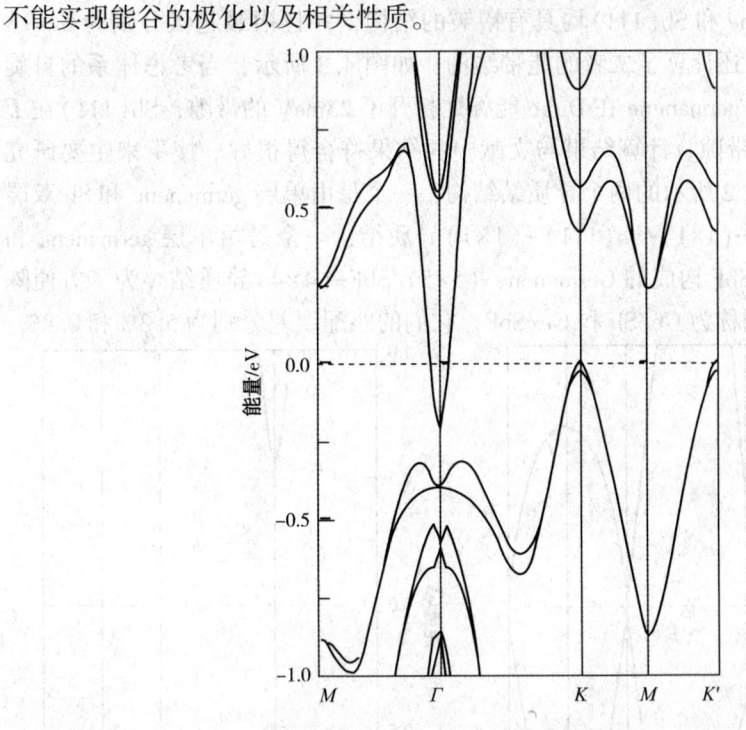

图 4.4 Sb/Ge 异质结的能带结构

通过轨道分析知 Γ 点的导带底主要是由 Sb 的 Pz 轨道贡献，因此可以通过将 Sb 层进行钝化的方法来减弱 Pz 轨道的影响，使得异质结表现出非金属性。最近有研究表明 Sb 的卤化物是二维拓扑绝缘体，尤其，SbF 在 Γ 点还具有较大的带隙。为了计算结果的准确性，首先验证了文献的结果。计算过程中选用了文献的晶格常数 5.12Å，结果显示体系的褶皱起伏为 0.29Å，与文献的结果相符。很明显，SbF 的晶格常数与 Sb 双层的 4.29Å 相比有明星的增大，同时褶皱与 Sb 双层的 1.58Å 相比有较明显的减小。接下来计算 SbF 原包的能带结构，如图4.5所示，当不考虑体系的自旋轨道耦合作用时，单层的 SbF 是二维的 Driac 材料，在 Γ 点的带隙为 1.65eV，这和 Sb(111) 双层的 1.02eV 相比大了很多。同时，与 Sb(111) 相比，当考虑自旋轨道耦合时，K 点带隙打开 0.37eV，并且能谷得以保留，由于 SbF 具有结构反演对称性，在其 K 和 K' 能谷处的 Berry 曲率为零，为了研究其表面钝化的影响，接下来在 4.3.2 部分主要考虑由 germanene 与 SbF 构成的异质结。

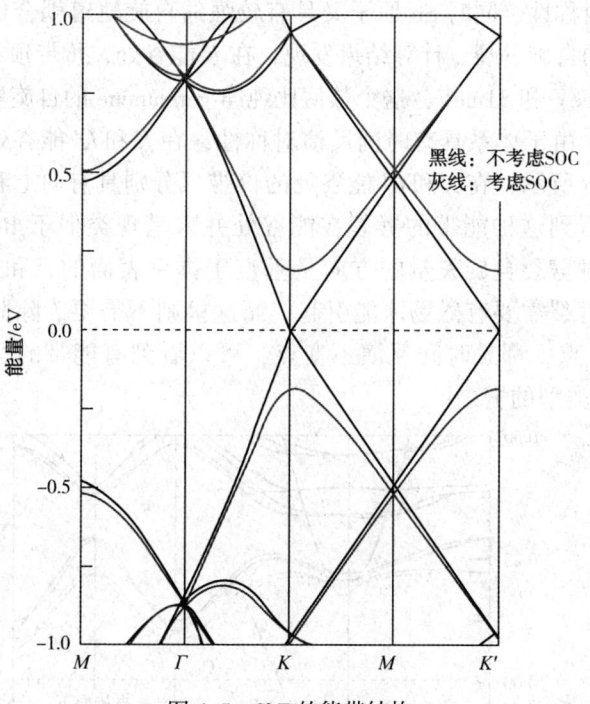

图 4.5　SbF 的能带结构

4.3.2　异质结 Ge/SbF 结构与自旋劈裂分析

异质结是由 (5×5) 的 germanene 与 (4×4) 的 SbF 构成，匹配误差为 0.8%。首先，对异质结的结构进行了优化，结果如图 4.2 所示。优化后 germanene 和 SbF 之间的层间距为 3.81Å，比 Ge/Sb 的层间距 2.9Å 增大约 0.9Å，同时 germanene 与 SbF 的褶皱起伏分别变为 0.68Å 和 0.4Å，且位于 Sb 层上方的 Sb-F 键长处于 1.98~2.03Å，位于 Sb 层下方的 Sb-F 键长基本为 1.98Å。由于 Ge/SbF 打破了空间反演对称性，所以 SbF 与 germanene 之间的相互作用并不是很均匀，造成了

· 93 ·

germanene 与 SbF 层表面的不平坦。

然后，计算了 Ge/SbF 的能带结构，如图 4.6 所示，可以看出异质结是一个直接带隙为 126meV 的半导体，且 germanene 和 SbF 原有的 K 能谷得以保留。但是 germanene 和 SbF 之间的相互作用使它们的能带结构有了较大的改变。通过与图 4.1(a) 及图 4.6 的对比发现，$\varGamma$ 点的带隙由原来 germanene 的 0.77eV 和 SbF 的 1.65eV 减小到 0.52eV。由于 germanene 与 SbF 之间的相互作用，导致在 K 点，自旋轨道耦合作用打开的带隙由原来的 23.2meV 增大到 126meV。由于异质结打破了空间反演对称性，同时 Sb 原子又具有较强的自旋轨道耦合作用，所以进一步研究了体系的自旋劈裂。计算结果发现，在 K 能谷处，价带顶和导带底的能带劈裂分别为 20meV 和 31meV，这个数值比纯净 germanene 的自旋劈裂高出近 4 个数量级。同时，由于体系具有时间反演对称性，在 K 和 K' 能谷处自旋劈裂是相反的，如图 4.6 所示，在 K 和 K' 能谷处的价带顶分别具有向上和向下的自旋电子态。还可以看到这种能带的劈裂在能谷处并未呈现类似于 Rashba 劈裂中能带的交叉，这种劈裂自旋矢量的方向是垂直于体系表面的，和塞曼劈裂类似，不同的是塞曼劈裂需要有磁场才能引起，而这里则不需要。除此之外，其他高对称点 $\varGamma$ 和 M 点，都是时间反演不变点，可以看到有能带的交叉，自旋劈裂均属于 Rashba 类型的劈裂。

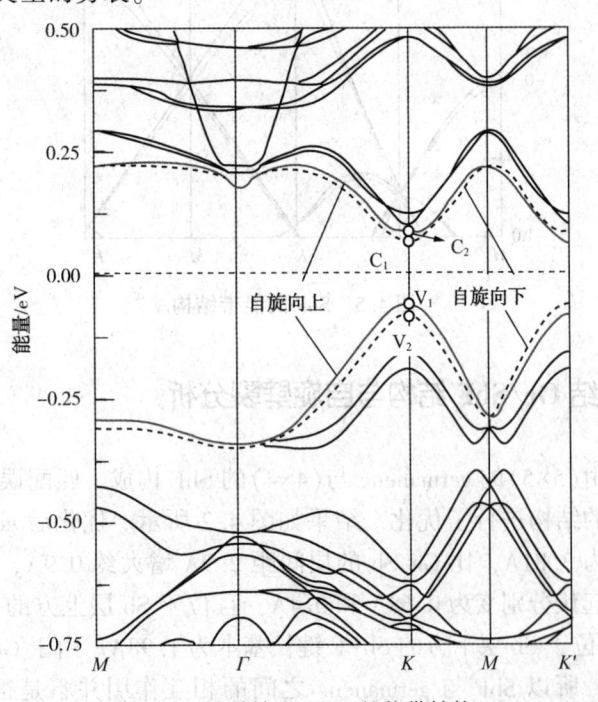

图 4.6 异质结 Ge/SbF 的能带结构

4 Germanene/SbF异质结中的能谷电子学

为了深入分析引起价带顶和导带底能带劈裂的原因，还计算了 K 能谷处价带和导带带边的电荷密度分布。如图 4.7 所示，V_1 态主要来源于 germanene，而 C_1 态则主要来源于 SbF。对于 V_2 和 C_2 态，电子在 germanene 和 SbF 上均有分布，但 C_2 态中分布于 germanene 上的电子多一些。这些自旋劈裂态的电荷分布说明二者之间相互作用较强，germanene 的态与 Sb-F 的态之间发生了强烈的杂化。计算结果表明图 4.6 中 V_1、V_2、C_1、C_2 电子态主要是由 Ge 的 Pz 轨道（V_1：49.2%，V_2：43%，C_1：27% 和 C_2：49%）与 Sb 的 P（V_1：45%，V_2：47%，C_1：65% 和 C_2：46%）轨道共同贡献。因此 germanene 与 SbF 之间强烈的杂化打破了体系的空间反演对称性，同时使得 germanene 的自旋轨道耦合增强，在能谷处发生了较大的自旋劈裂。

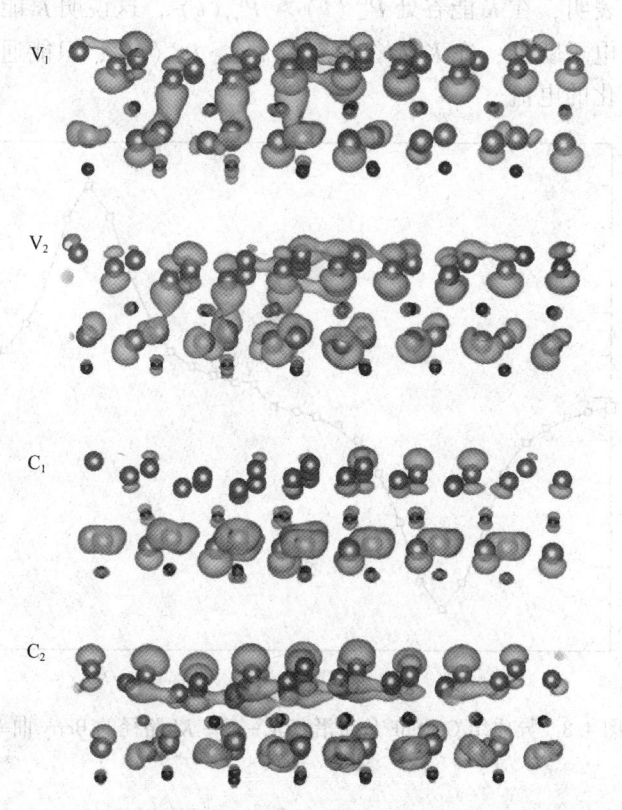

图 4.7　异质结 Ge/SbF 能谷处与图 4.6 中的标示所对应电子态的电荷分布

4.3.3　异质结 Ge/SbF 的电子能谷性质的分析

还分析了异质结的能谷相关性质。对于布洛赫电子，贝里曲率由布洛赫波函数的周期部分波数 k 的依赖性决定。当体系具有空间反演对称性时，其为偶

函数；当体系具有时间反演对称性时，其为奇函数。在本节中，由于体系不具有空间反演对称性，体系在布里渊区中相反的区域应具有非零的相反的贝里曲率。由于体系是二维的，因此计算了结果如图 4.8 所示的 Berry 曲率在垂直平面即 z 方向的分量，其表达式为 $\Omega_{n,z}(k) = -2lm\langle \partial u_{n,k}/\partial k_x | \partial u_{n,k}/\partial k_y\rangle$。从图中可以看出，异质结在两个互为时间反演能谷处的 Berry 曲率具有非零、互为相反数的值，说明该异质结可以实现能谷的极化。同时，能谷处出现 120meV 的带隙，这表明可以通过圆偏振极化光来操纵和控制载流子。还通过密度泛函微扰理论计算了载流子的带间跃迁矩阵元 $P_{\pm}^{cv}(k) = 1/\sqrt{2}[P_x^{cv}(k) \pm iP_y^{cv}(k)]$，其中"+"和"–"分别代表左旋光和右旋光，c 和 v 分别代表导带和价带。计算结果表明，在 K 能谷处 $P_-^{cv}(k) \gg P_+^{cv}(k)$，这说明 K 能谷处只能通过右旋光来激发电子跃迁；在 K' 能谷处 $P_+^{cv}(k) \gg P_-^{cv}(k)$，只能通过左旋光来激发产生能谷极化的电流。

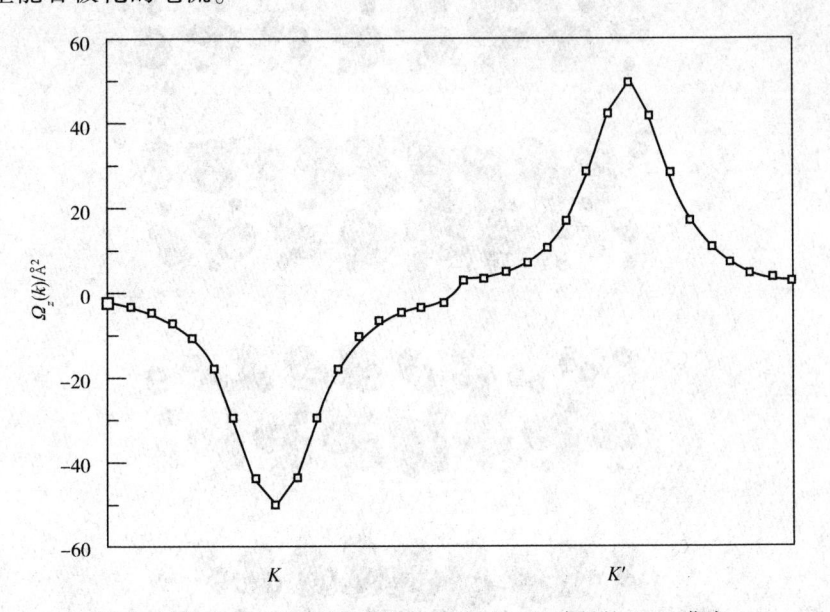

图 4.8　异质结 Ge/SbF 价带沿着 $K - \Gamma - K'$ 路径的 Berry 曲率

利用公式

$$\eta(k, \omega_{cv}) = \frac{|P_+^{cv}(k)|^2 - |P_-^{cv}(k)|^2}{|P_+^{cv}(k)|^2 + |P_-^{cv}(k)|^2}$$

计算了圆偏振极化率。如图 4.9 所示，在两个互为时间反演的能谷处，相同自旋通道的圆偏振极化率的取值分别为"+1"和"–1"，这说明异质结可以获得完美的圆偏振二色性。由此说明，可以通过圆偏振光来选择激发和操控异质结 K 和 K' 能谷处的载流子。

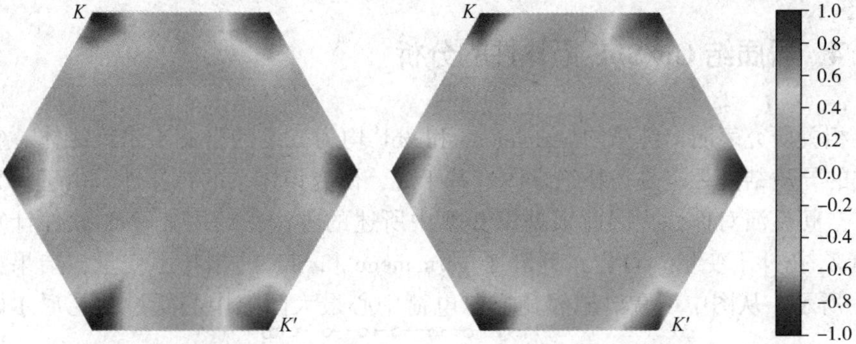

4 Germanene/SbF异质结中的能谷电子学

(a)V_2–C_1带间跃迁   (b)V_1–C_2带间跃迁

图 4.9　异质结 Ge/SbF 布里渊区中同自旋通道带间跃迁的圆偏振极化率

　　在 4.3.2 节关于自旋劈裂的分析中可知，体系的自旋劈裂在两个不同的能谷处是相反的。考虑自旋，异质结则还可实现能谷和自旋的锁定，因而可以通过光注入来同时操控能谷和自旋这两个自由度。但对于不同的能谷和不同的自旋需要用不同频率的光来激发。如图 4.10 所示，可以通过 140meV 的右旋光光子激发 K 能谷处自旋向下的电子，而 140meV 的右旋光光子则可以激发 K' 能谷处自旋向上的电子。即当考虑体系自旋轨道耦合作用时，光跃迁只能发生在相同自旋的能带之间，因此光跃迁不仅依赖于能谷，同时还依赖于自旋。再一点，由于两个能谷之间动量距离较大，而且动量相反，能谷之间的散射还同时需要自旋的翻转，因此能谷间散射发生的概率很小，可以同时达到能谷和自旋的极化。除此之外，如果加入面内的电场，体系还可实现伴随着自旋霍尔效应的能谷霍尔效应。

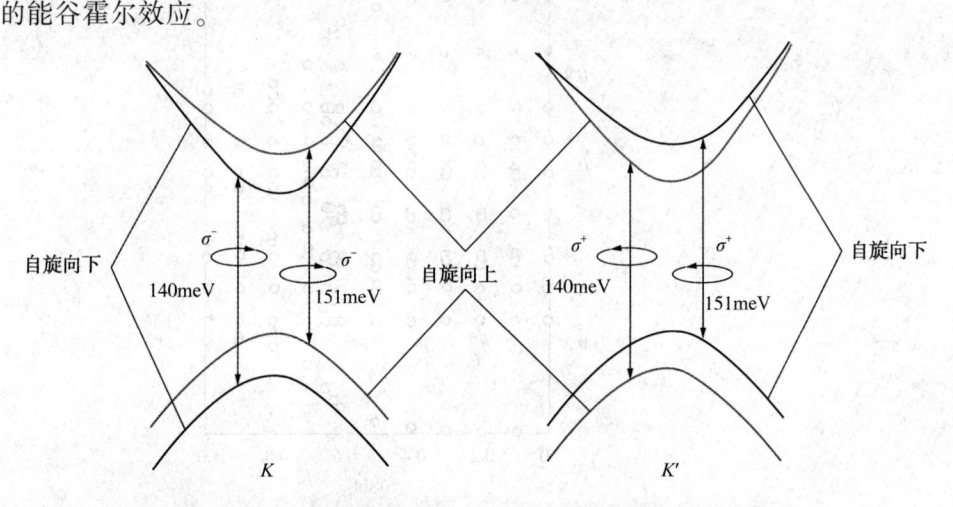

图 4.10　在不同能谷处相同自旋–能谷的带间跃迁示意图

4.3.4 异质结 Ge/SbF 拓扑性的分析

相关研究表明，纯净的 germanene 和 SbF 均为二维的自旋霍尔绝缘体，它们构成的异质结是否也是拓扑绝缘体？基于此，研究该体系的拓扑性。由于体系不具有空间反演对称性，因此根据第 2 章中所述的方法，运用 Z_2pack 软件计算体系的 Z_2 拓扑不变量。首先，计算了 germanene 和 SbF 的拓扑不变量，结果如图 4.11 所示，从图中可看出相邻瓦尼尔电荷中心最大间隙中心跃过的瓦尼尔电荷

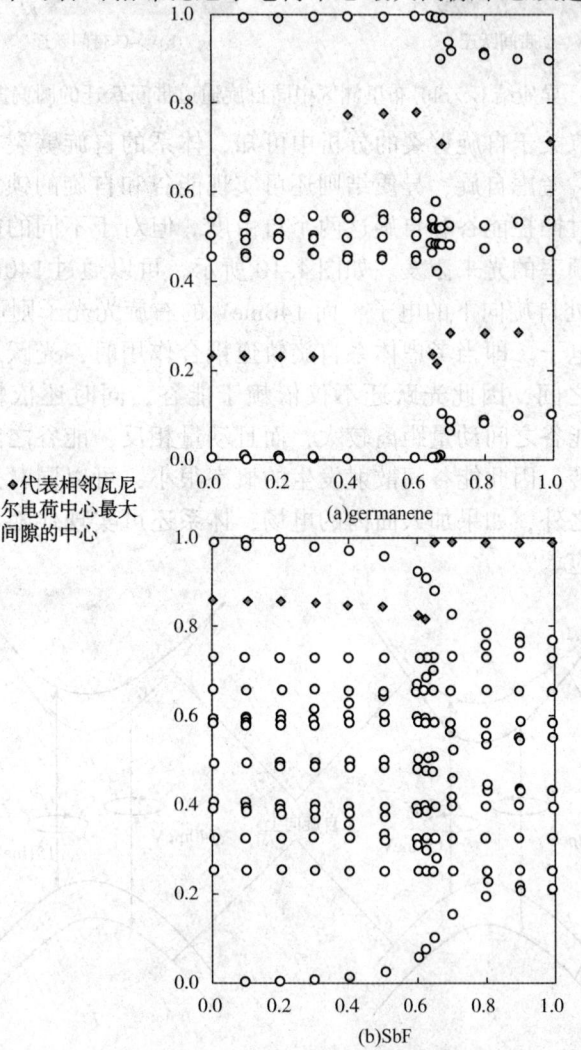

◇代表相邻瓦尼尔电荷中心最大间隙的中心

图 4.11　体系的瓦尼尔电荷中心在 $K_z=0$ 面的演变

4 Germanene/SbF异质结中的能谷电子学

中心的总数均为奇数，说明二者均为拓扑绝缘体。接着，计算了异质结 Ge/SbF 的瓦尼尔电荷中心的演变，如图 4.12 所示，可以看到最大间隙之间跃过的瓦尼尔电荷中心的总数也为奇数，这表明 Ge/SbF 的 $Z_2 = 1$，即异质结为二维的拓扑绝缘体。由于体系具有较大的带隙，因此该异质结可以在室温下实现量子自旋霍尔效应。

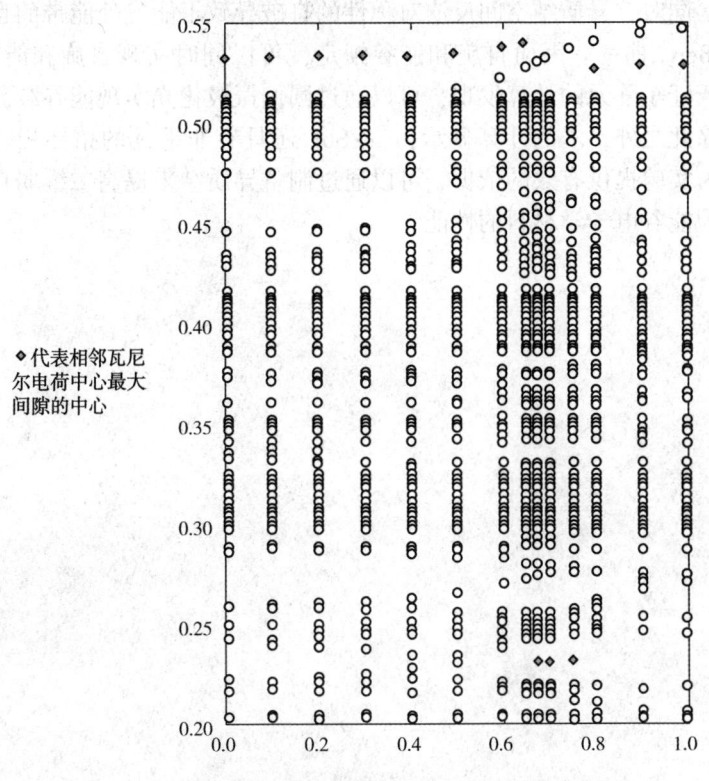

图 4.12　体系瓦尼尔电荷中心在 $K_z = 0$ 面的演变

4.4　本章小结

　　本章通过将二维弱自旋轨道耦合作用的 Dirac 材料与强自旋轨道耦合作用的材料构成异质结来诱导 Dirac 材料增强自旋轨道耦合作用以及调节电子结构打开带隙，保留能谷，实现能谷相关的物理性质和现象的思路，研究了由 germanene 和 Sb 以及 germanene 和 SbF 构成的异质结 Ge/Sb 和 Ge/SbF。研究结果表明，Ge/

SbF 异质结可以作为能谷电子学的候选材料。

通过研究发现，Sb 具有较强的自旋轨道耦合作用，可以诱导 germanene 产生较大自旋轨道耦合作用，但是 Ge/Sb 异质结并没有保留 germanene 原有的能谷，并且体系表现出金属性。通过将 Sb 层进行 F 化后，SbF 转变为 Dirac 材料。在异质结 Ge/SbF 中，germanene 和 SbF 原有的能谷均得以保留，并且在能谷处打开较大的带隙。同时，异质结空间反演对称性的打破导致了能谷处能带的自旋劈裂以及非零的 Berry 曲率。因而自旋和能谷锁定，可以同时实现自旋和能谷的极化。通过带间跃迁矩阵元的计算发现，可以通过圆偏振极化光实现能谷载流子的选择性激发。除此之外，Z_2 的计算显示，Ge/SbF 还具有非平凡的拓扑相。理论计算结果可以为实验提供有效的依据，可以通过制备异质结来提高二维弱自旋轨道耦合材料作为能谷电子学材料的性能。

MoSe$_2$/WSe$_2$异质结中的激子

5

本章利用第一性原理计算的方法研究了由单层硒化钼（$MoSe_2$）与单层硒化钨（WSe_2）构成的异质结（$MoSe_2/WSe_2$），主要通过计算异质结的电子结构与能谷电子性质研究了该异质结结构的稳定性、层内激子与层间激子的辐射跃迁以及层内激子跃迁与异质结中层间堆垛的关系。

5.1 概 述

二维过渡金属硫族化合物（TMDs）由于其优异的电子性质引起了人们广泛的研究。比如单层 TMDs 的直接带隙在可见光范围内，非常适合光电子器件应用。与载流子的自旋和能谷赝自旋相关的物理性质说明 TMDs 在基于这些量子自由度的电子学方面也具有潜在的应用价值。此外，由于它们的结构特性以及较大的电子和空穴有效质量，处于价带的电子被激发后留下的空穴与电子之间具有强烈的库伦相互作用，因此 MX_2 中的激子是目前二维半导体的研究热点之一。

当处于价带顶的电子吸收一个光子被激发到导带后，在价带中留下一个携带正电荷的准粒子，称为空穴，导带的电子与价带的空穴之间的库伦相互作用将它们束缚成一个类似氢原子的整体，称之为激子。激子还可以捕获一个外电子或者空穴变成带负电或者正电的带电激子，称为三激子。通过带间的跃迁，激子与光子之间可以相互转换，所以激子在光电子学现象中具有非常重要的位置。中性的和带电的激子已经通过单层的 TMDs 的光致发光谱观测到。激子的能谷构型与吸收或者放出光子的圆偏振极化相对应，即也符合能谷光选择定则，具体的激子能谷构型可参考文献。能谷激子也具有许多独特的性质和丰富的物理现象，比如三激子的能谷霍尔效应、反常的 Rydberg 激子激发态、能谷塞曼劈裂、能谷光选择的斯塔克效应等。除此之外，还有自旋与层的锁定以及双层材料或者异质结中的层内激子和层间激子。

在实验方面，基于能谷激子的功能性光电子器件已经出现。在 2014 年，Ross 等、Pospischil 等以及 Baugher 等在由单层 WSe_2 构成的 p-i-n 结中，当在 n 型掺杂区域和 p 型掺杂区域分别注入电子和空穴时，观测到了电致发光现象。这是由于强烈的库伦作用的存在，电子和空穴在发光复合之前形成了能谷激子造成的。这种 p-n 结的一个特点是可以通过偏压来调节电致发光的强度。此外，Zhang 等、Yao 等、Yu 等也在 WSe$_2$ 构成的 p-n 结中发现的电致发光是圆偏振极化的，当 p-n 结改变极性时，极化也随之改变。这种圆偏振极化的特性表明能谷激子的发光在两个能谷处是不平衡的，是可以通过电场来控制的，因此可以用来制作发光晶体管。除了以上的层内激子，由单层 TMDs 堆垛而成的同质结或者异质结中还可以形成层间激子。2014 年，Jones 等在 WSe$_2$ 双层中观测到了层间的三激子。同年，Rivera 等、Lee 等、Furchi 等、Cheng 等、Fang 等在 MoSe$_2$/WSe$_2$ 异质结中观测到了中性的层间激子 X$_0$。由于这些异质结均有第二类能带排列的特征，其层间距(~7Å)小于层间激子的波尔半径(~1nm)，因此形成的 X$_0$ 是层间激子，即电子和空穴来源于构成异质结的不同的层。2014 年，Zhu 等人发现层间激子的能谷极化。层间激子的复合会在光致发光谱上有一个明显的峰，空间上间接的本质减少了层间激子构成的光学偶极子，所以层间激子的寿命很长。2015 年，Pasqual 等在 MoSe$_2$/WSe$_2$ 异质结中观测到层间激子，其寿命达到纳秒量级，并且还可以通过电场进行调节。层间激子会在垂直异质结表面的方向携带电偶极子，增强了偶极子与偶极子之间的排斥作用，这些特点都非常有利于激子玻色爱因斯坦凝聚相关现象的研究。

虽然 TMDs 激子的研究在实验上已经取得明显进展，但是其理论机制的研究还不多。在本章，运用基于密度泛函理论的第一性原理计算方法，研究了不同堆垛的 MoSe$_2$/WSe$_2$ 异质结中层内与层间激子的产生与复合，并且还初步研究了堆垛的不同对位对层间激子复合过程的影响以及电场对异质结电子结构的影响。

5.2 计算方法与模型

5.2.1 计算方法

在计算过程中，采用了基于密度泛函理论的第一性原理计算软件包 OpenMX，运用 PAW 势来描述原子核与电子之间的相互作用，交换关联泛函采用的是广义梯度近似，同时运用 DFT-D2 的方法对体系的范德瓦尔斯层间作用进行修正。相关的参数设置：平面波截断能为 350Ry；结构优化的布里渊区网格为 Γ

点为中心的6×6×1；优化收敛标准为每个原子的受力小于 0.02eV/Å。计算过程中考虑体系的自旋轨道耦合作用。对于加电场部分是通过有效屏蔽介质的方法（ESM）对体系施加电场，相比 Vasp 施加电场更好，电场在通过体系时具有连续性，具体是通过在体系的真空层方向的边界放置半无限的金属介质层，然后在这两个金属介质层之间施加电场，具体方法请参考文献。采用软件 Wannier90 计算体系的贝里曲率。

5.2.2　计算模型

计算了由单层 $MoSe_2$ 和 WSe_2 构成的两种经典堆垛的异质结的电子性质，具体结构如图 5.1 所示。异质结有两种典型的堆垛方式，一个为 AA 堆垛，一个为 AB 堆垛。每一种异质结原胞均含有 6 个原子，通过优化体系得到它们的晶格常数，均为 3.339Å。在计算中用 $MoSe_2(1×1)/WSe_2(1×1)$ 的原胞来模拟异质结。计算发现，AB 堆垛比 AA 堆垛稳定，能量低于 AA 堆垛 0.8meV。优化后 AA 堆垛和 AB 堆垛的层间距(d)分别为 7.099Å 和 6.522Å。

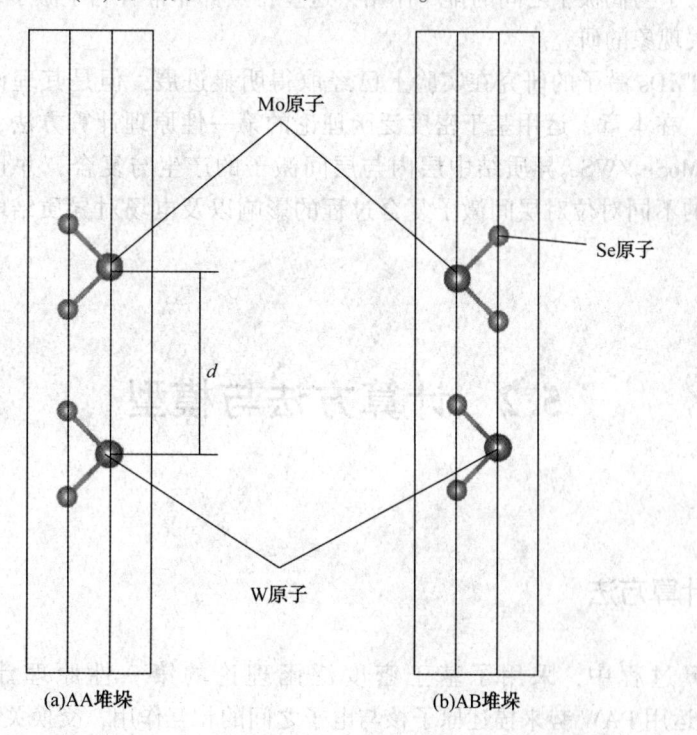

图 5.1　不同堆垛的 $MoSe_2/WSe_2$ 异质结的结构图

5.3　计算结果与分析

5.3.1　堆垛对异质结电子层内跃迁的影响

首先计算了 AA 和 AB 堆垛的 $MoSe_2/WSe_2$ 异质结的能带。计算过程考虑了体系的自旋轨道耦合作用，能带结构如图 5.2 所示。不论是何种堆垛，异质结中的过渡金属原子均具有较强的自旋轨道耦合作用，并且两个异质结均不具有空间反演对称性，因此，它们的能带发生了较大的劈裂。从图 5.2 中可看出，AA 堆垛，能谷处价带顶和导带底的自旋劈裂大小分别为 484meV 和 21meV；AB 堆垛则分别为 500meV 和 21meV。通过计算发现，不论哪种堆垛，它们价带顶的自旋劈裂数值均大于单层的 $MoSe_2$ 价带能谷处的劈裂（184meV），接近单层 WSe_2 价带顶的劈裂（466meV），这是由于两种堆垛的异质结的价带顶均是由 WSe_2 贡献。同时，价带顶的劈裂，AB 堆垛要大于 AA 堆垛。而两个异质结导带底劈裂的数值均和单层 $MoSe_2$ 导带的劈裂一样，这是由于导带底的电子态是由异质结中 $MoSe_2$ 中的 Mo 原子的 dz^2 轨道贡献的。同时，从图中可以看出互为时间反演的两个能谷处的自旋劈裂是相反的，还计算了 AA 和 AB 两种堆垛下价带的 Berry 曲率，如图 5.3 所示，从图中可以看出两个体系在不同能谷处的 Berry 曲率具有非零的相反值，这说明可以通过圆偏振极化光来操控这两个异质结的能谷自由度，并且它们可以作为能谷电子学材料。

除此之外，从能带结构图中还可以看出，两种不同堆垛的异质结的自旋劈裂在两个能谷处的分布是不同的，AA 堆垛在 K 能谷处的价带顶劈裂为两条自旋相同的能带，而 AB 堆垛则劈裂为两条自旋不同的能带。经过计算体系能谷处的费米能级上、下各四条能带的电荷密度发现，这些能带在 K 点的电子态分别是由异质结中的其中一层材料贡献，说明它们的能带有交错排列的特点，属于第二类能带排列。因此计算了异质结中每一层材料的层内光子跃迁矩阵元，如图 5.4 所示。从图中可以看出，不同堆垛的异质结中不同层的层内跃迁是不同的。AA 堆垛中，$MoSe_2$ 和 WSe_2 中的光跃迁极化在两个能谷处是相同的，从图中可看出在 K

· 105 ·

新型低维材料异质结的能谷电子 **性质及调控**

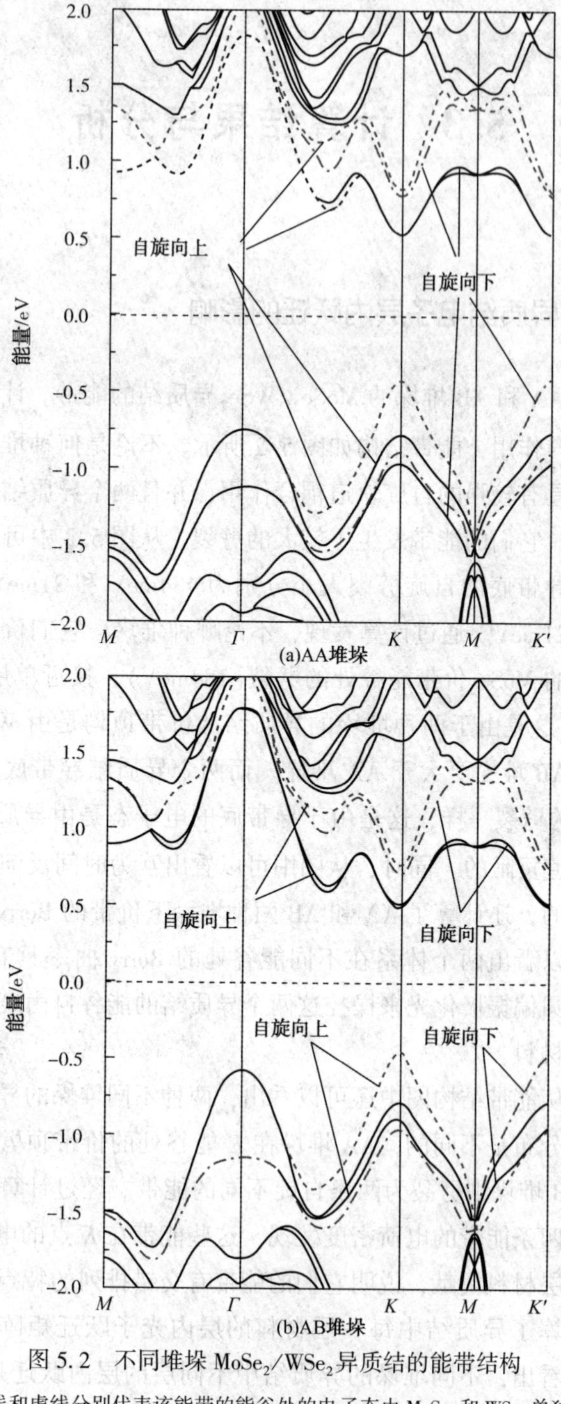

图 5.2 不同堆垛 $MoSe_2/WSe_2$ 异质结的能带结构

注：实线和虚线分别代表该能带的能谷处的电子态由 $MoSe_2$ 和 WSe_2 单独贡献。

· 106 ·

5 MoSe$_2$/WSe$_2$异质结中的激子

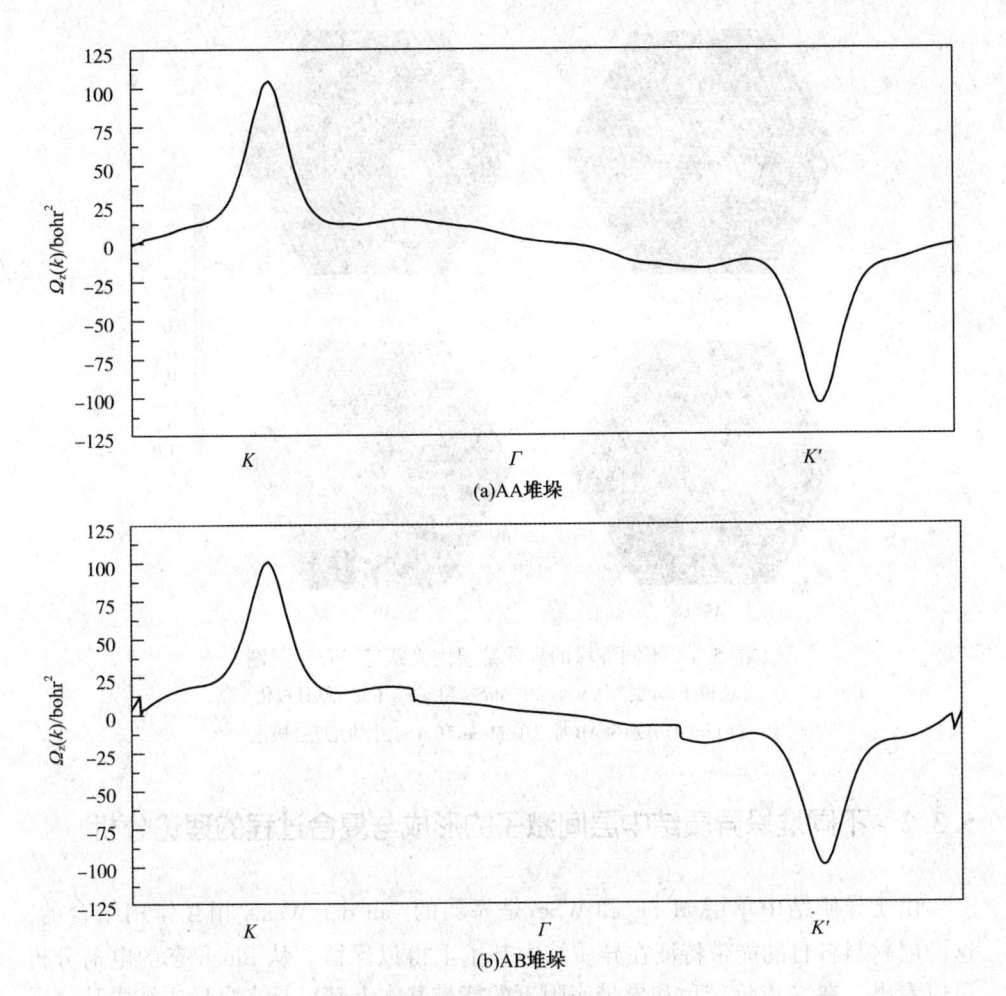

图 5.3 异质结的 Berry 曲率

能谷处均为蓝色，K' 能谷处均为红色，这说明圆偏振光在 AA 堆垛的异质结中 WSe$_2$ 和 MoSe$_2$ 中层内激发的载流子具有相同的能谷指标。同理，根据（c）和（d）图则可得出圆偏振光在 AB 堆垛的异质结中 WSe$_2$ 和 MoSe$_2$ 中层内激发的载流子具有相反的能谷指标。目前讨论的跃迁发生在同一层 TMD 内，层内跃迁形成的激子称之为层内激子。由于层内激子的电子和空穴在同一层内，它们的波函数交叠明显，偶极跃迁的矩阵元大，所以容易发生辐射跃迁，使得层内激子的寿命很短。能谷激子的寿命短，使得携带能谷信息的激子能在空间传输的距离短，限制了 TMDs 在能谷电子学中的应用。

· 107 ·

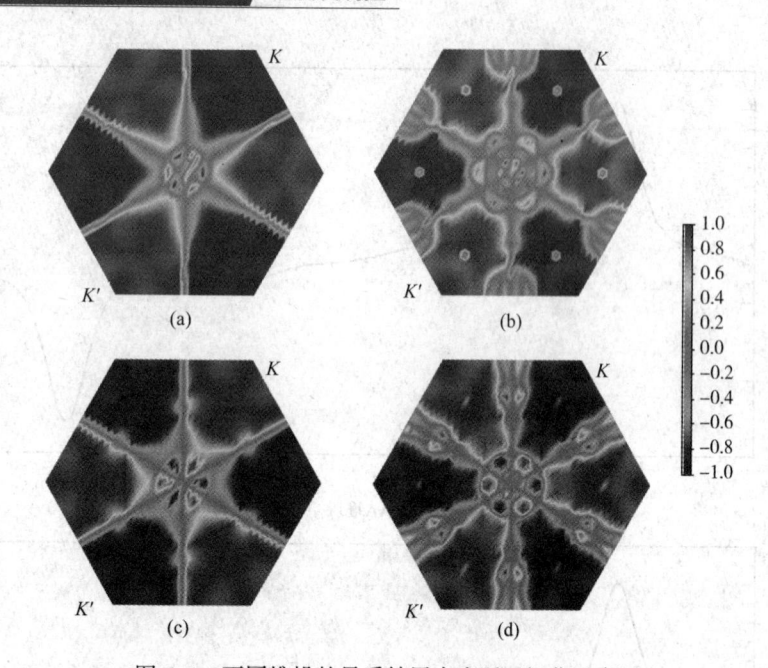

图 5.4　不同堆垛的异质结层内光跃迁极化示意图
(a)和(b)分别为 AA 堆垛中 $MoSe_2$ 和 WSe_2 中的光跃迁极化;
(c)和(d)分别为 AB 堆垛中 $MoSe_2$ 和 WSe_2 中的光跃迁极化

5.3.2　不同堆垛异质结中层间激子的形成与复合过程的理论分析

　　由于异质结中单层 $MoSe_2$ 和 WSe_2 是靠弱的 van der Waals 相互作用结合的,这两层材料各自的能带特征在异质结中基本上得以保留。从 Bloch 态的电荷分析可以看出,在 K 点价带顶和导带底附近的能带基本上都只是来自异质结中某一层的贡献,如图 5.2 所示。因此可以根据电子或空穴在 K 点能带的分布情况来判别它们在哪一层。$MoSe_2/WSe_2$ 异质结能带具有第二类能带排列的特性,导带底的态和价带顶的态不属于同一层,而是分别来自 $MoSe_2$ 和 WSe_2,如图 5.2 所示。如果有电子占据导带底,而空穴占据价带顶,那么电子和空穴就在不同的层中。由于 TMDs 的库伦屏蔽比较弱,在不同层之间的电子和空穴仍然有较强的库伦相互作用,它们互相吸引,形成层间激子。由于带隙大,层间激子通过非辐射的方式复合的可能性很小,因为声子能量很小,通过激发晶格振动模式将能量以声子的形式释放需要很多个声子参与。由于两层原子距离较远,二者的波函数交叠很小,因此层间激子通过辐射跃迁方式复合的概率相较于层内激子小很多,这样层间激子的寿命就比层内激子的寿命长很多。这样的益处是携带能谷极化信息的层间激子可以在空间上传输较远的距离,器件运行的可靠性也大为提高。TMDs 异

· 108 ·

质结中，层与层之间有不同的堆垛，不同的堆垛会对电子态产生影响，如图 5.2 所示。因此研究堆垛对层间激子的影响十分必要。接下来研究堆垛对异质结中层间激子的影响。

在实验中，用圆偏振光来照射 $MoSe_2/WSe_2$ 异质结的表面，探测到了层间激子的形成与复合。如图 5.5 所示，用左旋光照射异质结，产生层间的激子，最后激子复合探测到发射出的光子更多的是左旋光光子(左图)，而用右旋光激发产生层间激子，激子复合产生的更多是右旋光光子。这说明激发产生层间激子的圆偏振光的极性和层间激子复合发射出的圆偏振光光子的极性是一致的。

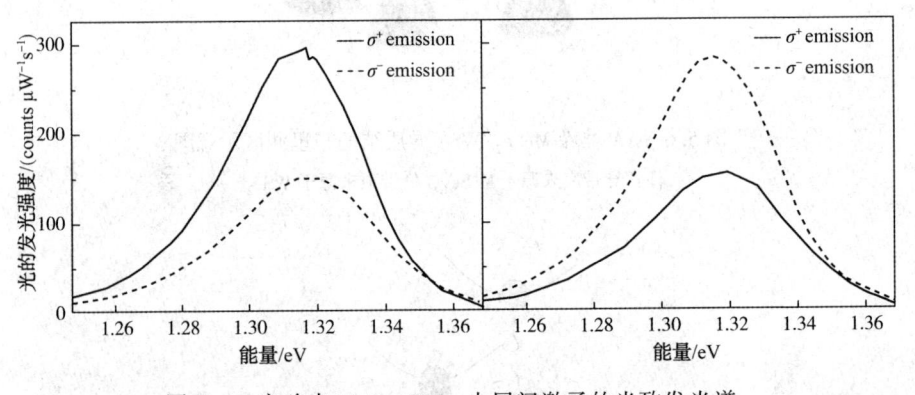

图 5.5 实验中 $MoSe_2/WSe_2$ 中层间激子的光致发光谱

对于 AA 堆垛，WSe_2 和 $MoSe_2$ 的布里渊区是重合的，$MoSe_2$ 的 $K(K')$ 能谷正对着 WSe_2 的 $K(K')$ 能谷，如图 5.6 所示。假设左旋偏振光辐照在 WSe_2 上，电子在 WSe_2 层内发生跃迁，从 WSe_2 的价带顶跃迁到 WSe_2 的导带底，在其价带顶产生一个空穴，如图 5.7 所示。停止辐照后，在 WSe_2 的导带底的电子相当大一部分又通过辐射跃迁的方式回到 WSe_2 的价带顶。WSe_2 的导带底比 $MoSe_2$ 的高，但二者比较接近。在 WSe_2 的导带底的一部分电子可以通过非辐射跃迁的方式在很短的时间内向下跃迁到 $MoSe_2$ 的导带底。非辐射跃迁一般需要声子的参与，非辐射跃迁所释放出的能量会激发声子，将能量传给晶格。WSe_2 和 $MoSe_2$ 的导带底相隔较近，非辐射跃迁释放的能量小，需要参与的声子数目少，因此这两个导带底的非辐射跃迁发生的概率比较大。WSe_2 的导带底的电子经非辐射跃迁的方式跃迁到 $MoSe_2$ 的导带底的同时，电子从 WSe_2 转移到了 $MoSe_2$，发生层间电子转移。而 WSe_2 价带中的空穴的能量已经是最低，一般不会再发生跃迁和转移。这样电子在 $MoSe_2$ 中，空穴在 WSe_2 中，发生电荷的空间分离，形成了层间激子。

新型低维材料异质结的能谷电子 性质及调控

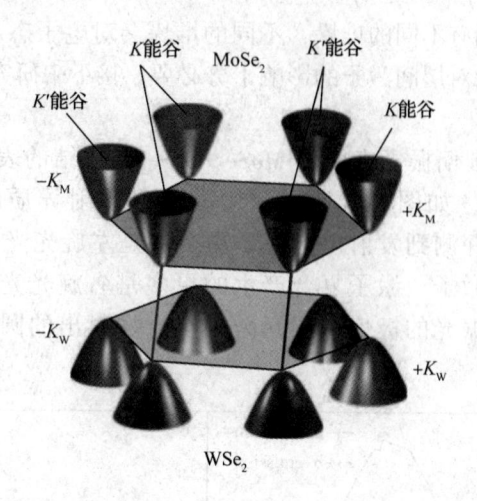

图 5.6 AA 堆垛 MoSe$_2$/WSe$_2$ 异质结的布里渊区示意图

注：导带底来源于 MoSe$_2$，价带顶来源于 WSe$_2$。

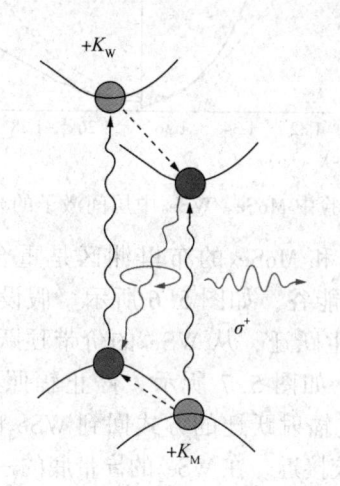

图 5.7 实验中 AA 堆垛 MoSe$_2$/WSe$_2$
异质结中层间激子产生和复合过程预测示意图

如果左旋偏振光照在 MoSe$_2$ 上，在 MoSe$_2$ 内发生层内跃迁，电子从 MoSe$_2$ 的价带顶跃迁到 MoSe$_2$ 的导带底，在 MoSe$_2$ 的价带顶产生一个空穴。停止辐照后，MoSe$_2$ 的导带底的电子很多经辐射跃迁又回到 MoSe$_2$ 的价带顶。由于 MoSe$_2$ 的导带底比 WSe$_2$ 的导带底能量低，MoSe$_2$ 的导带底上电子一般不会再向上跃迁到 WSe$_2$ 的导带底。而 MoSe$_2$ 的价带顶比 WSe$_2$ 的价带顶低而且比较接近，这样 WSe$_2$ 价带顶的电子可以通过非辐射跃迁到 MoSe$_2$ 的价带顶，或者说 MoSe$_2$ 的价带顶的空穴跃迁到 WSe$_2$ 价带顶。这样的效果仍然是电子在 MoSe$_2$ 中，空穴在 WSe$_2$ 中，发生

·**110**·

5 MoSe$_2$/WSe$_2$异质结中的激子

电荷的空间分离，形成了层间激子。

由上面的讨论可以看出，层间激子跃迁发出的光子能量比层内激子跃迁发出的光子能量低，在实验中的观察也证实了这一点，而且由图 5.5 可以看出，对于用于产生层间激子的入射光与层间激子复合产生的出射光的圆偏振极性是一致的，这个性质还有待解释。在实验中，层与层之间的堆垛不易控制，可能出现各种堆垛方式。堆垛方式对层间激子复合产生的出射光的影响还没有理论上的研究。实验还发现，通过施加电场，可以调控层间激子复合产生的出射光的圆偏振度，这些现象还有待于理论分析。用第一性原理的方法，研究了不同堆垛情况下层间激子的产生和复合过程。

对于 AA 堆垛的情况，计算了 $K(K')$ 点价带顶和导带底附近能带的跃迁矩阵元。在图 5.8 中，分别用方块代表异质结中 K 能谷处的能带，绿色和黄色分别代表由 WSe$_2$ 和 MoSe$_2$ 贡献的能带，up 和 down 分别表示自旋向上和自旋向下。从图中可以看出异质结的价带顶由 WSe$_2$ 贡献，导带底由 MoSe$_2$ 贡献。计算发现，电子从 WSe$_2$ 的价带顶（自旋向上）跃迁到 WSe$_2$ 的导带底（自旋向上）的圆偏振跃迁矩阵元满足 $P_+^{cv}(k) \gg P_-^{cv}(k)$，说明吸收的是左旋光，并且矩阵元数值大小为 $P_+^{cv}(k) = 0.414$。而从 WSe$_2$ 的价带顶（自旋向上）跃迁到 WSe$_2$ 的导带底（自旋向下）的圆偏振跃迁矩阵元非常小。这反映了前面讨论过的能谷光选择定则。根据前面的讨论，WSe$_2$ 的导带底的电子会通过非辐射跃迁的方式跃迁到 MoSe$_2$ 的导带底（自旋向上）。这时 MoSe$_2$ 导带底的电子与 WSe$_2$ 价带顶的空穴形成了层间的激子。层间

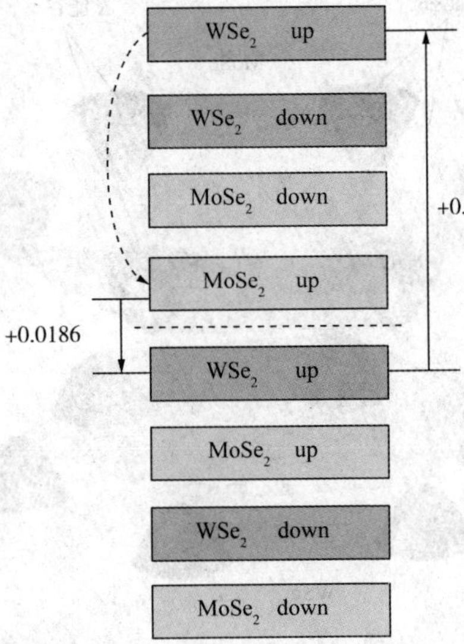

图 5.8 AA 堆垛的 MoSe$_2$/WSe$_2$ 异质结 K 能谷处激子产生与复合示意图

激子的复合是通过辐射跃迁方式。计算了从 MoSe$_2$ 的导带底（自旋向上）到 WSe$_2$ 的价带顶（自旋向上）的跃迁矩阵元，同样满足 $P_+^{cv}(k) \gg P_-^{cv}(k)$，即层间激子复合发出的圆偏振光和入射光偏振极性是一样的，都是左旋偏振光，这与实验相符。$P_+^{cv}(k) = 0.0186$，远比层内跃迁的矩阵元小，这说明层间激子辐射跃迁发生的概率比层内激子的小很多，而激子寿命与跃迁概率成反比，因此层间激子寿命比层内激子寿命长很多。可以粗略估算二者相差倍数，激子寿命和跃迁矩阵元的模方成正比，根据上面计算的数值，层间激子寿命大约为层内激子寿命的 500 倍。实验中测得的层内和层间激子寿命分别约 ps 和 ns 量级，和本书的理论估算相符。

　　对于 AB 堆垛，由于 MoSe$_2$ 相对 WSe$_2$ 的位置扭转了 180°，所以它们构成的异质结的布里渊区也是由 MoSe$_2$ 和 WSe$_2$ 单层的布里渊区相对扭转 180° 构成的。如图 5.9 所示，单层 MoSe$_2$ 的 K 能谷正对着 WSe$_2$ 的 K' 能谷。目前文献中建议的层间激子的产生和复合过程如图 5.10 所示。其层间激子的形成的过程基本上和 AA 堆垛的类似。圆偏振光辐照 WSe$_2$ 上先引起层内跃迁，WSe$_2$ 价带顶的电子跃迁到其导带，然后 WSe$_2$ 导带底的电子经非辐射跃迁转移到 MoSe$_2$ 中的导带底上，发生层间电荷转移，使电子处在 MoSe$_2$ 的导带底，而空穴位于 WSe$_2$ 的价带顶中。一般认为只有相同的自旋方向、相同的态之间才可能发生跃迁。WSe$_2$ 价带顶的电子是自旋向上的，所以跃迁到其导带中的自旋向上的带，然后经非辐射跃迁到 MoSe$_2$ 自旋向上的导带，最后经辐射跃迁到 WSe$_2$ 的自旋向上的价带中。

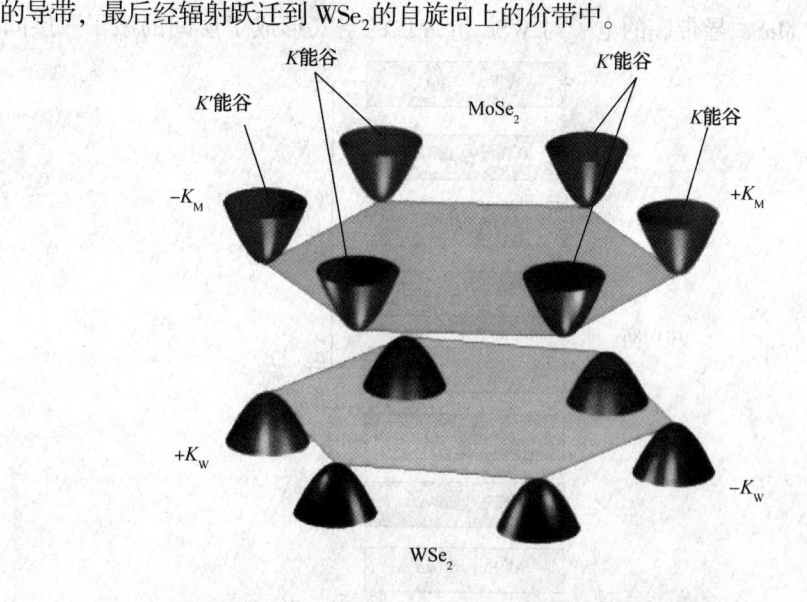

图 5.9　AB 堆垛的 MoSe$_2$/WSe$_2$ 异质结布里渊区示意图

注：导带底来源于 MoSe$_2$，价带顶来源于 WSe$_2$。

5 MoSe$_2$/WSe$_2$异质结中的激子

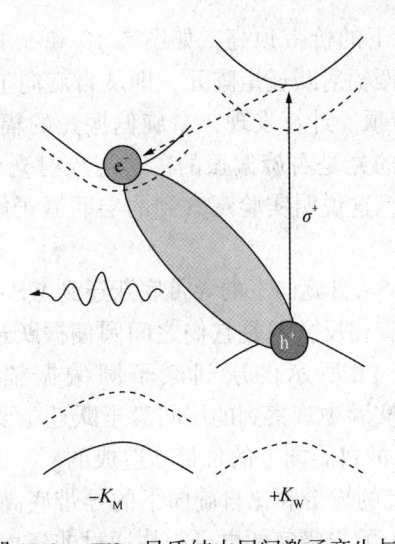

图 5.10　AB 堆垛 MoSe$_2$/WSe$_2$异质结中层间激子产生与复合过程示意图

注：实线代表自旋向上的能带，虚线代表自旋向下的能带。红色实线箭头代表层内辐射跃迁，层间辐射跃迁用连接电子和空穴的发光带表示。

计算了图 5.10 中圆偏振光的辐射跃迁矩阵元，如图 5.11 所示。可以看到当入射光是左旋偏振光时，在 K 点处从 MoSe$_2$价带到同自旋的导带之间的层内辐射跃迁矩阵元很大。MoSe$_2$自旋向上的导带底比自旋向下的导带底高，而 WSe$_2$自旋

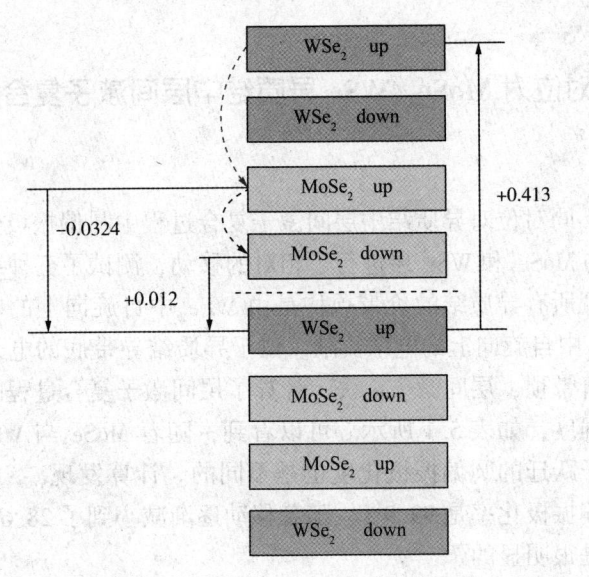

图 5.11　AB 堆垛的 MoSe$_2$/WSe$_2$异质结 K 能谷处激子产生与
复合示意图(包含费米能级上、下各四条能带)

· 113 ·

向上的价带顶比自旋向下的价带顶高，如图 5.10 和 5.11 所示。计算了图 5.10 中所示的层间激子圆偏振辐射跃迁矩阵元，即从自旋向上的 $MoSe_2$ 的导带底跃迁到 WSe_2 自旋向上的价带顶。计算发现，右旋偏振光的辐射跃迁矩阵元远大于左旋偏振光的，说明发出的光是右旋偏振的，这与入射光(左旋偏振光)的圆偏振极性相反，与实验不符，这说明实验观察到的层间激子跃迁主要不是图 5.10 所示的跃迁。

进一步计算了从 $MoSe_2$ 自旋向下的导带底跃迁到 WSe_2 自旋向上的价带顶的情况，虽然这两个态的自旋相反，但是它们之间圆偏振跃迁辐射矩阵元并不为零，其大小(0.012)与图 5.11 所示的层间激子圆偏振辐射跃迁的矩阵元大小(0.0324)接近，这说明实验中观察到的层间激子跃迁主要是电子从 $MoSe_2$ 自旋向下的导带底跃迁到 WSe_2 的自旋向上的价带顶造成的。

虽然 $MoSe_2$ 自旋向上的导带底比自旋向下的导带底高，但是二者是近简并的(图 5.2)，所以自旋向上的导带底的电子很快通过非辐射跃迁到自旋向下的导带底，这样 $MoSe_2$ 自旋向下的导带底上的电子比自旋向上导带底上的电子要多，这就可以理解在 $MoSe_2/WSe_2$ 异质结中，层间激子跃迁主要是电子从 $MoSe_2$ 自旋向下的导带底跃迁到 WSe_2 自旋向上的价带顶造成的。

不论是 AA 堆垛还是 AB 堆垛，可以看到层间激子复合过程中的跃迁矩阵元与同层跃迁矩阵元相比小很多，这说明层间激子的寿命与层内激子的寿命相比长很多。

5.3.3 堆垛对位对 $MoSe_2/WSe_2$ 异质结中层间激子复合过程极化率的影响

为了研究不同对位对异质结中层间激子复合过程中圆偏振极化率的影响，将构成 AA 堆垛的 $MoSe_2$ 和 WSe_2 层进行了相对的移动，测试了五种结构，如图 5.12 所示。计算发现所有异质结的价带顶均是由 WSe_2 中自旋向上的电子贡献，导带底均是由 $MoSe_2$ 中自旋向上的电子贡献。位于异质结导带底的电子发射出光子后回到异质结的价带顶，层间激子消失，计算了层间激子复合过程的跃迁矩阵元以及圆偏振极化强度，如表 5.1 所示。可以看到，随着 $MoSe_2$ 与 WSe_2 对位的不同，它们的层间激子跃迁的圆偏振极化度也是不同的。计算发现，AA 堆垛的层间激子辐射跃迁圆偏振极化率是 99.9%，随着移动逐渐减小到了 28.6%。这说明层间对位的影响还是很明显的。

· 114 ·

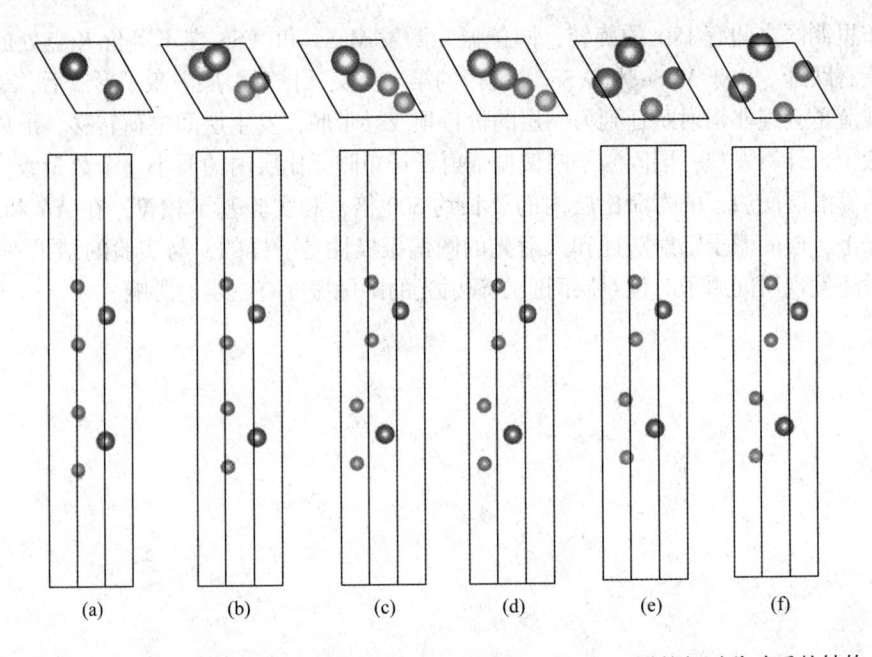

图 5.12　由 AA 堆垛的 $MoSe_2/WSe_2$ 异质结进行 $MoSe_2$ 和 WSe_2 层的相对移动后的结构

表 5.1　由 AA 堆垛的 $MoSe_2/WSe_2$ 异质结进行 $MoSe_2$ 和 WSe_2 层的相对移动后的结构对应的圆偏振极化度

AA 堆垛	（a）	（b）	（c）	（d）	（e）	（f）
能量/eV	−41.51	−41.558	−41.563	−41.523	−41.556	−41.542
$p+$	+0.0186	+0.0197	+0.0164	+0.018	+0.0154	+0.0169
$p-$	−0.000164	−0.0029	−0.0038	−0.0039	−0.00759	−0.0126
η	99.9%	95.75%	91%	89.8%	60%	28.6%

5.4　本章小结

　　基于理论计算研究了 $MoSe_2/WSe_2$ 异质结中层内激子和和层间激子的辐射跃迁。研究发现层内激子跃迁与异质结中的层间堆垛有关。对于 AA 堆垛，圆偏振光激发 $MoSe_2$ 和 WSe_2 在同一个 K 点处的层内能谷跃迁。而对 AB 堆垛，由于 $MoSe_2$ 和 WSe_2

的布里渊区之间有 180°的旋转，圆偏振光激发 $MoSe_2$ 和 WSe_2 在不等价 K 点处的层内能谷跃迁。由于 $MoSe_2$ 和 WSe_2 的能带的第二类交叉排列，层内激子形成后，一部分载流子会经非辐射跃迁到另一层的价带顶或导带底，发生层间电荷转移，形成层间激子。计算发现，层间激子圆偏振辐射跃迁矩阵元比层内的要小一个数量级，由此估算的层间激子的寿命比层内的要长约 500 倍，和实验基本相符。在 AA 和 AB 堆垛下，层间激子辐射跃迁和入射光的圆偏振极性是一样的，与实验的结果一致。同时还发现层间原子对位对层间激子辐射光的圆偏振度有一定的影响。

电场对MoSe$_2$/WSe$_2$异质结电子结构的双向调控 6

本章利用第一性原理计算的方法研究了由硒化钼（$MoSe_2$）与硒化钨（WSe_2）构成的异质结（$MoSe_2/WSe_2$），主要通过计算异质结在不同偏压下的平衡结构和电子能带结构，研究了偏压对该异质结各种电子性质的调控。

6.1 概　述

石墨烯的成功制备，推动了二维材料的研究，尤其是层状过渡金属硫族化合物（TMDs）成为当前的研究热点。TMDs 是由六角蜂窝状的 TMDs 单层堆垛而成，层内原子间形成很强的化学键，层与层之间是由较弱的范德瓦尔斯作用力结合。与石墨烯具有的金属性相比，单层 TMDs（MoS_2）不同于其块体，具有处于可见光范围的直接带隙（1.8eV），表现为半导体性质。同时，单层 TMDs 在室温下也具有接近石墨烯的电子迁移率（200 $cm^2 \cdot V^{-1} \cdot s^{-1}$）以及较高的开关比，使其在电子学、催化、光学等多个领域具有重要应用。随着对二维材料研究的深入，由单层二维材料堆垛而成的范德瓦尔斯异质结开始引起人们的关注。特别地，对于过渡金属硫族化合物异质结的研究引起了科研工作者的极大兴趣。在实验上，多种 TMDs 的面内异质结与垂直异质结成功制备。在理论上，TMDs 异质结、同质结以及 TMDs 与其他材料构成的异质结的结构、电子性质等被研究。

调控一种材料的电子结构对它的电子学以及光学应用非常重要。调控的方法很多，外电场调制是其中之一。Yuanbo Zhang 等人通过在垂直双层石墨烯表面方向施加电场，打破空间反演对称性，使其打开最大为 250meV 的可调带隙，实现室温下的量子霍尔效应。$BN/MoS_2/BN$ 异质结本身是间接带隙的半导体，通过外电场调控可实现间接带隙向直接带隙的转变，实现其光电子学的应用。TMDs 异质结电子结构具有第二类能带排列特征，电子和空穴分别存在于异质结的不同层，可形成层间激子，为能谷激子物理的研究提供了很好的平台。2015 年，Pasqual Rivera 等人在实验上通过对不同堆垛的 $WSe_2/MoSe_2$ 异质结施加电场，实现了对其激子寿命以及能谷极化程度的调控。在理论上的研究多是外电场对 TMDs 双层电子结构的调控，使其由间接带隙转变为直接带隙，对 TMDs 异质结能带结构调控的研究较少。本文将着重研究外加偏压对 $MoSe_2/WSe_2$ 异质结电子结构的调控。

通过第一性原理计算发现，相比 TMDs 同质结，对异质结 $MoSe_2/WSe_2$ 电子结构的调控，外加偏压更是一个不错的方法。在真空层方向施加不同方向的偏压可使原本异质结中的内建电场增强或者减弱，实现不同堆垛的 MoSe$_2$/WSe$_2$ 异质结带隙与价带顶能量劈裂大小的双向调控。当施加正方向的偏压时，两种堆垛带隙均减小，价带的能量劈裂均增大。当施加反方向的偏压时，两种体系的带隙和价带顶能量劈裂大小的变化与施加正方向偏压时变化相反。导带底能量劈裂大小与电场方向无关。

6.2 计算方法与模型

6.2.1 计算模型

MoSe$_2$/WSe$_2$ 异质结是由单层 MoSe$_2$ 和单层 WSe$_2$ 堆垛而成，图 6.1(a) 所示为 AB 堆垛的 MoSe$_2$/WSe$_2$ 超晶格结构。本研究中考虑了两种经典的堆垛：(1) AA 堆垛，如图 6.1(b) 所示，MoSe$_2$ 中的 Mo 与 Se 分别与 WSe$_2$ 中的 W 和 Se 正对；(2) AB 堆垛，如图 6.1(c) 所示，MoSe$_2$ 中的 Mo 与 Se 分别与 WSe$_2$ 中的 Se 和 W 正对。首先，对异质结的晶格常数进行了优化，优化后两种堆垛晶格常数均为 3.339Å。同时，AB 堆垛比 AA 堆垛更稳定，两种堆垛的层间距 d 分别为 6.522Å 和 7.099Å，这与先前研究结果基本相符合。

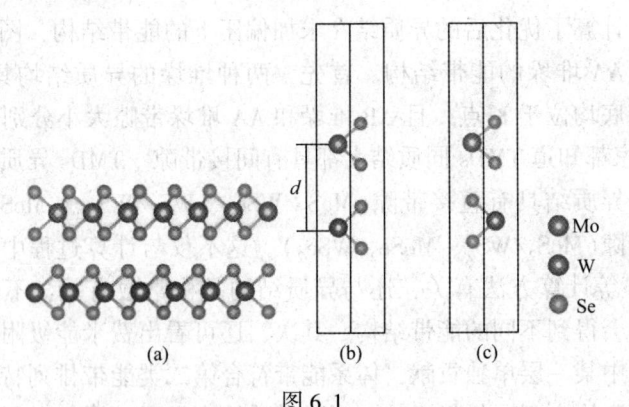

图 6.1

(a) AB 堆垛的 MoSe$_2$/WSe$_2$ 异质结超晶格结构侧视图；(b) AA 堆垛的 MoSe$_2$/WSe$_2$ 异质结原胞侧视图；

(c) AB 堆垛的 MoSe$_2$/WSe$_2$ 异质结原胞侧视图

6.2.2 计算方法

在计算过程中，采用的是基于密度泛函理论的第一性原理计算软件 OpenMX，采用模守恒赝势与数值原子轨道基组，其中 Mo 和 W 原子的基组均为 s2p2d2，Se 原子的基组为 s2p2d1。交换关联泛函采用的是广义梯度近似。同时，整个计算过程中截断能为 350 Ry，并考虑自旋轨道耦合作用。采用 slab 结构来模拟 $MoSe_2/WSe_2$ 异质结，周期性结构之间间隔 15Å 以上的真空层以预防其间的相互作用。在优化体系结构过程中，每个原子的最大受力与体系总能的收敛标准分别是 $2×10^{-4}$ Ha/bohr 和 10^{-6} hartree，同时通过 DFT-D2 方法对层间的 Vdw 相互作用进行修正。布里渊区撒点为 6×6×1。研究中通过有效屏蔽介质（ESM）的方法对体系施加电场，具体是在体系真空层方向的边界放置半无限的金属介质层，在其间施加电场，此电场通过体系时具有连续性。

6.3 计算结果与分析

6.3.1 平衡状态下 $MoSe_2/WSe_2$ 异质结的电子结构

接下来，计算了优化后的异质结在未加偏压下的能带结构，图 6.2 所示分别为 AB 堆垛和 AA 堆垛的能带结构。首先，两种堆垛的异质结均具有直接带隙，价带顶和导带底均位于 K 点，且 AB 堆垛和 AA 堆垛带隙大小分别为 0.939eV 和 0.893eV。大家都知道 TMDs 同质结大都具有间接带隙。TMDs 异质结不同，理论计算表明部分异质结具有直接带隙（MoS_2/WSe_2、WS_2/WSe_2、$MoSe_2/WSe_2$），部分具有间接带隙（MoS_2/WS_2、$MoSe_2/WSe_2$）。这不仅与计算过程中是否考虑 SOC 以及 Vdw 修正等计算方法有关，还与异质结的晶格常数有关，不同的计算过程以及晶格常数会得到不同的能带结构。其次，还可看出费米能级附近的价带和导带均由异质结中某一层单独贡献，体系能带符合第二类能带排列特征。两种堆垛价带顶与导带底均由不同材料贡献，这类异质结容易形成层间激子，具有重要的光学应用，而同质结则没有这一特性。

此外，与同质结能带劈裂为零不同的是，异质结本身打破空间反演对称性，

6 电场对MoSe₂/WSe₂异质结电子结构的双向调控

同时，过渡金属原子本身自旋-轨道耦合作用较强，因而异质结的价带顶(VB)和导带底(CB)发生较大的能量劈裂，如图 6.2 所示。我们定义 K 点处费米能级上

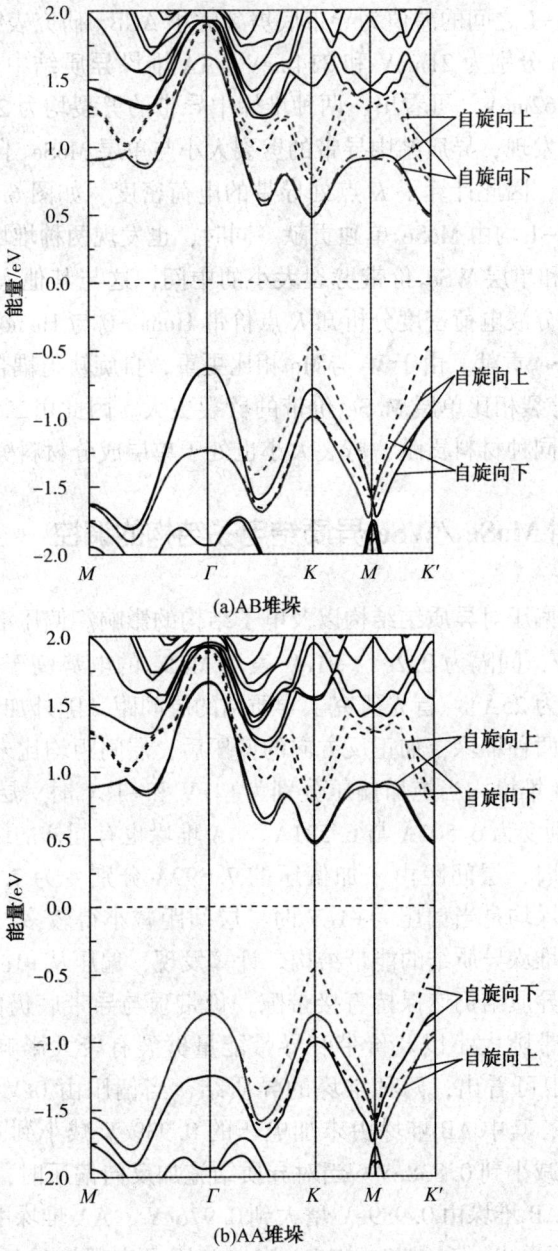

(a)AB堆垛

(b)AA堆垛

图 6.2 MoSe₂/WSe₂异质结的能带结构

注：实线和虚线代表 K 能谷处电子态分别由 MoSe₂ 和 WSe₂ 单独贡献。

下 2 个最高占据分子轨道和最低未占据轨道分别为 Homo-0, Homo-1 与 Lumo-0, Lumo-1。定义 Homo-0 与 Homo-1 之间的能量差值为价带顶劈裂大小 ΔVB, Lumo-0 与 Lumo-1 之间的差值为导带底劈裂大小 ΔCB。研究表明 AB 堆垛异质结中，ΔCB 和 ΔVB 分别为 21meV 和 314meV。AA 堆垛异质结中，ΔCB 和 ΔVB 分别为 21meV 和 362meV。可看出，两种堆垛中导带的劈裂均为 21meV，与实验结果相符合。对比发现，异质结中导带的劈裂大小与单层 $MoSe_2$ 自旋轨道耦合引起的劈裂大小相同，因此计算了 K 点处导带的电荷密度，如图 6.3（a）所示，发现 Lumo-0 与 Lumo-1 均由 $MoSe_2$ 单独贡献。同时，也发现两种堆垛价带劈裂的大小处于单层 $MoSe_2$ 和单层 WSe_2 价带劈裂大小的中间，这与其他人理论研究结果相同。同样，通过分波电荷密度分析知 K 点价带 Homo-0 与 Homo-1 分别由异质结中的 WSe_2 和 $MoSe_2$ 贡献。由于 W 与 Mo 相比更重，自旋轨道耦合作用更强，因而单层 WSe_2 自旋劈裂相比单层 $MoSe_2$ 价带的劈裂更大。因此由二者构成的异质结，价带劈裂后由不同种材料贡献，劈裂大小也处于单层成分材料劈裂大小的中间。

6.3.2 偏压对 $MoSe_2/WSe_2$ 异质结电子结构的调控

接下来考虑偏压对异质结结构以及电子结构的影响。偏压沿着真空层方向从 -1eV 变化到 1eV，间隔为 0.2eV（+1eV 表示 $MoSe_2$ 的电势高于 WSe_2 的电势，两电极之间的距离为 25Å）。首先研究了异质结的层间距 d 随外加偏压的变化情况。计算发现，对于两种堆垛，加正反方向的偏压后，层间距均比未加偏压时的层间距小。其中，AB 堆垛，当施加偏压分别为 +1eV 和 -1eV 时，层间距 d 由未加偏压的 6.522Å 分别变为 6.501Å 与 6.521Å。AA 堆垛也有同样的结果，当施加偏压为 +1eV 和 -1eV 时，层间距由未加偏压的 7.099Å 分别变为 7.055Å 和 7.086Å。可看出，两种堆垛均是当偏压为 +1eV 时，层间距减小得较多。接下来，计算了不同偏压下不同堆垛异质结的能带结构。计算发现，偏压从 +1eV 变化到 -1eV 期间，两种堆垛的异质结仍然保持直接带隙，价带顶与导带底仍位于 K 点。但是，偏压对异质结的带隙大小以及价带和导带能量劈裂有较大影响，具体结果如表 6.1 所示。从表中可看出，两种堆垛的异质结，当偏压由 0eV 增加到 +1eV 时，带隙均逐渐减小，其中 AB 堆垛由未加电压的 0.939eV 减小到 0.904eV，AA 堆垛则由 0.893eV 减小到 0.838eV。当对异质结施加反向偏压时，发现两种堆垛带隙均逐渐增大，AB 堆垛由 0.939eV 增大到 0.976eV，AA 堆垛由 0.893eV 增大到 0.953eV。由此可看出，对 $MoSe_2/WSe_2$ 施加偏压可实现该异质结带隙的双向调节。这是由于形成异质结时在 WSe_2 和 $MoSe_2$ 之间发生电荷转移，在层间形成内建电场，正负外加偏压形成的电场对层间内建电场有增强或者减弱的作用，使异质结电荷发生不同的重新分布，进而使异质结对不同方向的电场响应不同。而在TMDs 同质结中，由于成分材料相同，本身层间没有电荷的转移，不论偏压的方向如何，同质结的电荷都会进行同样的重新分布，使其由本身的间接带隙变为直接带隙，甚至带隙闭合，体系具有金属性。

表 6.1　不同堆垛异质结在不同电场下价带自旋劈裂(ΔVB)、
导带自旋劈裂(ΔCB)以及带隙的大小(Gap)

偏压/ eV	AB 堆垛			AA 堆垛		
	ΔVB/ meV	ΔCB/ meV	Gap/ eV	ΔVB/ meV	ΔCB/ meV	Gap/ eV
+1	346	21	0.904	417	21	0.838
+0.8	341	20	0.910	407	21	0.848
+0.6	333	20	0.918	395	21	0.86
+0.4	326	21	0.925	386	22	0.869
+0.2	319	21	0.933	372	21	0.883
0	314	21	0.939	362	21	0.893
−0.2	305	20	0.948	350	21	0.905
−0.4	299	21	0.954	338	21	0.917
−0.6	292	20	0.962	326	21	0.929
−0.8	283	21	0.971	314	21	0.941
−1	279	20	0.976	303	21	0.953

偏压除了对体系带隙有影响之外，还对体系费米能级附近能带劈裂大小有较大影响。从表 6.1 可看到，当施加偏压从+1 到−1 变化时，两种堆垛的 ΔCB 基本未发生变化，大小为 21meV。ΔVB 变化较大。当偏压由 0eV 增加到+1eV 时，两种堆垛 ΔVB 均增大。在 AB 堆垛中，由 314meV 增加到 346meV，AA 堆垛则由362meV 增加到 417meV。当对异质结施加反向同等大小的偏压后，发现两种堆垛ΔVB 与未施加偏压时相比均减小。可见，偏压对 MoSe$_2$/WSe$_2$ 的价带劈裂也有双向调节的作用。

为了更详细地分析引起异质结能带劈裂的原因，计算了体系在施加偏压前后K 点处价带顶与导带底自旋态的分波电荷密度，如图 6.3 所示。通过对图 6.3 中（a）、（b）、（c）进行对比可看出，对 AB 堆垛，自旋态 Lumo−0 与 Lumo−1 电荷密度在施加偏压前后没有发生变化，均由 MoSe$_2$ 单独贡献。因此 ΔCB 的大小未受

新型低维材料异质结的能谷电子 **性质及调控**

偏压的影响，均与单层 $MoSe_2$ 中 SOC 引起的能带劈裂大小相同。同样，Homo-0 也未因偏压的施加而变化，均是由 $MoSe_2$ 和 WSe_2 共同贡献，且两种材料参与贡献的比例未受到电场的影响。但是 Homo-1 则不同，对比可看出，当施加偏压为+1eV 和-1eV 时，WSe_2 对该电子态的贡献与未施加偏压相比分别明显地增大和减小。由于 WSe_2 本身 SOC 比 $MoSe_2$ 强，当其贡献增大时，在 Homo-0 未发生改变

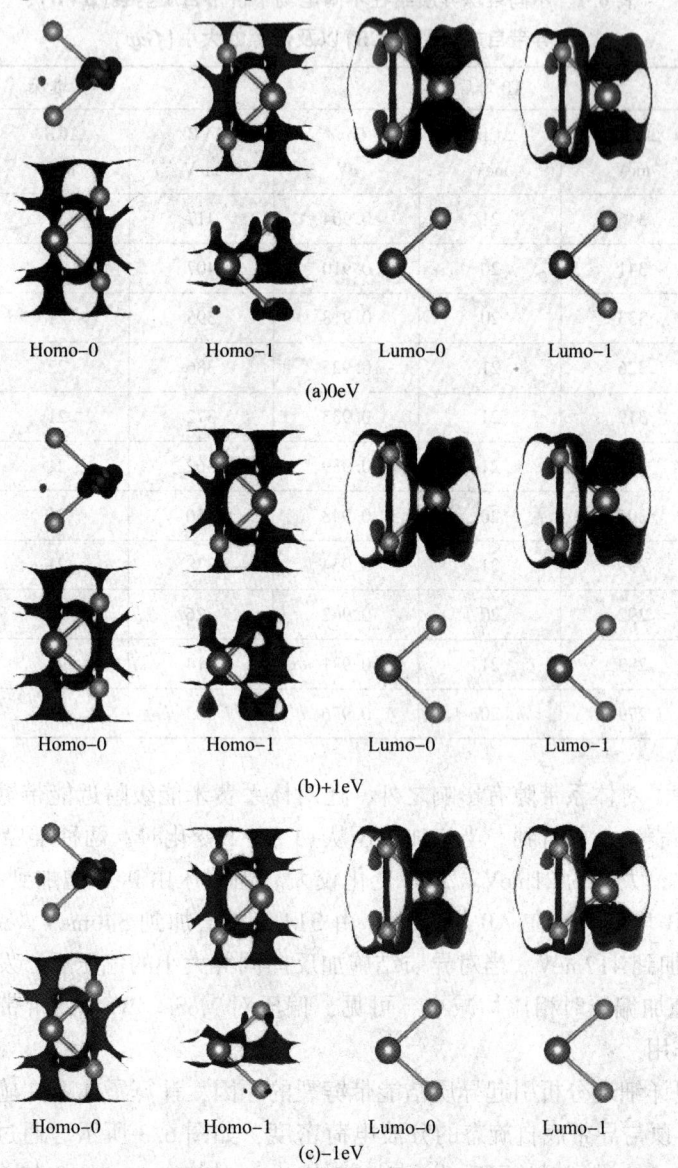

图 6.3　$MoSe_2/WSe_2$ 异质结在施加偏压时，K 点处价带顶和导带底电子态的电荷密度

的情况下，ΔVB 自然会相应地增大。AA 堆垛也一样，施加偏压前后 Lumo-0 与 Lumo-1 均未发生变化，均由 $MoSe_2$ 单独贡献，因此 ΔCB 的大小也未受偏压的影响。与 AB 堆垛不同的是，Homo-1 在施加偏压前后未发生变化。而施加偏压为+1eV 和-1eV 时，$MoSe_2$ 对 Homo-0 的贡献与未施加偏压时相比分别减小和增大。由于整个体系表现为电中性，当 $MoSe_2$ 贡献增大时，WSe_2 的贡献自然而然相对减少，因而当施加电场为+1eV 和-1eV 时，ΔVB 分别增大和减小。在同质结中，偏压对其价带劈裂则没有双向调节的作用。比如，在 MoS_2 双层中，ΔVB 随着偏压的增大而增大，与偏压的正负无关。

6.4 本章小结

综上所述，本章通过第一性原理方法研究了不同方向偏压下异质结 $MoSe_2/WSe_2$ 的平衡结构和电子性质。研究发现，外加偏压对异质结 $MoSe_2/WSe_2$ 电子结构的调控不同于其对 TMDs 同质结电子结构的调控。$MoSe_2/WSe_2$ 本身具有直接带隙，施加不同方向的偏压后，异质结虽保持直接带隙，但其带隙大小对不同方向的偏压响应不同。当施加偏压为+1eV 时，两种堆垛带隙均减小。偏压为-1eV 时，带隙均增大。这是由于构成 $MoSe_2/WSe_2$ 异质结的组分材料不同，形成时本身具有内建电场。施加不同方向的偏压后，对其本身内建电场有增大或者减小的作用，异质结的电荷在不同方向的偏压下会进行不同的重新分布，而同质结则不会。对于同质结，不论施加偏压的方向怎样，均会由原本的间接带隙转变为直接带隙，带隙减小，甚至具有金属性。此外，两种堆垛的异质结 K 点处价带顶能带劈裂也可通过偏压实现双向调控。导带底均由 $MoSe_2$ 单独贡献，未受外加偏压大小及方向的影响。由此可见，对 TMDs 异质结来讲，电场是一种不错的调控电子结构的方法，可更好地实现其在光学和电子学方面的应用。

电场对WTe₂双层电子  7
结构的影响

本章利用第一性原理计算的方法研究了双层 WTe_2，主要通过计算异质结在不同电场下的平衡结构和电子能带结构，研究了偏压对该异质结电子结构的调控。

7.1 概　述

二碲化钨是一种典型的过渡金属硫族化合物，其相分子质量为439.04，熔点为1020℃，密度为9.43g/cm³，常温下为灰色固体，体相具有六方晶系结构，是典型的层状物质，如图7.1所示。其块体是由多个二碲化钨单层通过范德华力相互作用结合堆垛而成，层与层之间的距离为3.44Å，而每一个二碲化钨单层是由中间的金属 W 层与上下的 Te 原子层通过化学键构成，图7.1(b)所示为单层二碲化钨的俯视图与侧视图。每个 W 原子与周围六个等距离的 Te 原子形成强烈的化学键。在物理性质方面，块体的二碲化钨是一种非磁性的半金属材料，以其良好的热电性能被人们所知。除此之外，在2014年，普林斯顿大学的Cava教授研究组发现在常压下，二碲化钨具有不饱和的大磁阻特性，打开了其在电子器件方面的应用。在半金属中，二碲化钨是人们发现的第一种由空穴–电子间的共振引起的高磁阻材料。

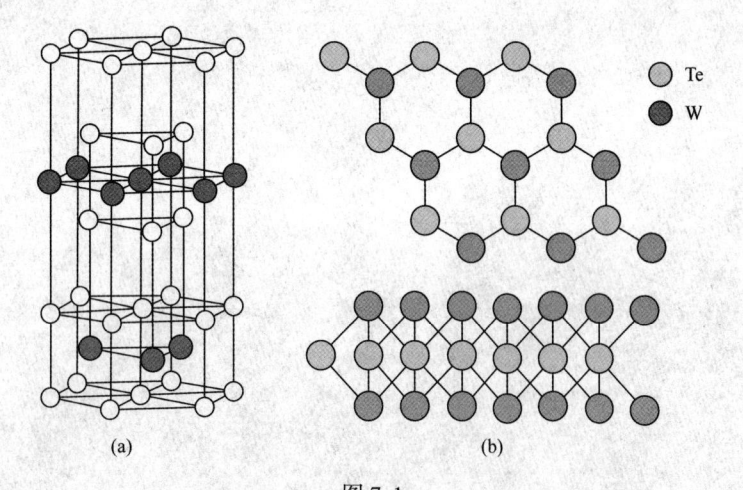

图 7.1

(a)二碲化钨体相晶格结构示意图；(b)单层二碲化钨俯视图与侧视图

7　电场对WTe$_2$双层电子结构的影响

近年来由于二维材料新奇的物理性质和潜在的应用价值引起了众多科研工作者的研究兴趣，对于二碲化钨，也可以通过实验的方法将其从块体剥离为单层、双层或者多层。双层的二碲化钨，其晶格常数为 3.52Å，根据金属原子 W 与原子 Te 的对位的不同可以分为不同的堆垛结构，其中最常见的为 AA 堆垛和 AB 堆垛，而最稳定的结构为 AB 堆垛，即上层中的金属原子 W 与下层 WTe$_2$ 中的 Te 原子正对，如图 7.2 所示。双层的二碲化钨是间接带隙的半导体材料，其带隙大小为 0.793eV。相比于二维材料石墨烯，它的带隙更大，属于可见光范围之内，并且具有强烈的自旋轨道耦合作用，在场效应晶体管、光催化、光电子学方面具有广阔的应用前景。

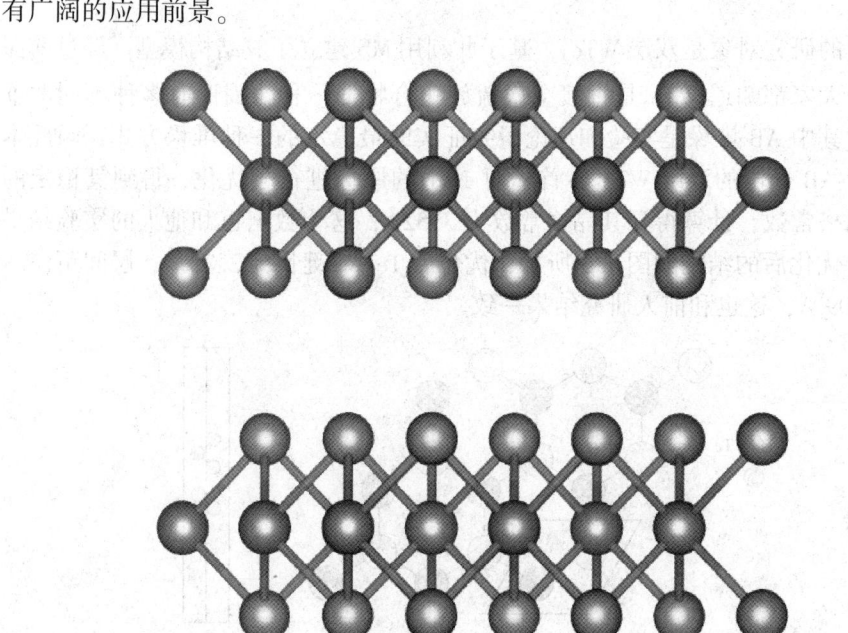

图 7.2　AB 堆垛的双层 WTe$_2$ 的结构示意图

由于其特别的晶格结构，二碲化钨单层内部相互作用较强，而层与层之间的相互作用较弱，这给它的制备提供了便利。目前制备二碲化钨薄膜最好的方法还是机械剥离法，这种方法能够获得高纯度的、晶向清晰的材料，可以最大程度地保留原有材料的性质，因此适合于用来做基础的表征和制作独立的器件，如场效应晶体管。除了机械剥离之外，还有液相剥离法，液相剥离制备过程一般包括有机溶剂、锂离子插层、表面活性剂等过程。目前在实验上已经实现了通过微机剥离法、化学方法、液相剥离法等多种方法制备单层或多层的二碲化钨。

· 129 ·

7.2 计算模型与方法

7.2.1 计算模型

本章的研究对象是双层 WTe_2，基于此利用 MS 建立了其结构模型。经过前面概述部分大家都知道 WTe_2 是过渡金属硫族化合物的一种，因而有多种不同的堆垛方式，其中 AB 堆垛是实验和理论研究证实的最稳定的一种堆垛方式，因此本章研究了 AB 堆垛的双层 WTe_2。首先对 1×1 的原包进行了优化，得到其稳定的结构和晶格常数，计算得到其晶格常数为 3.52Å，这个数据也和他人的实验结果相一致。优化后的结构如图 7.3 所示，优化后 Te-W 键长为 2.73 Å，层间距（W-W）为 7.09 Å，这也和前人研究结果一致。

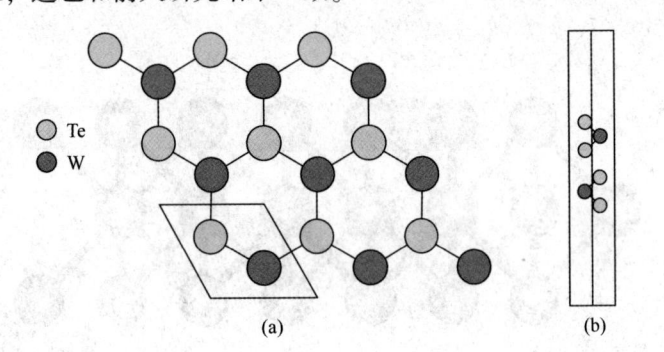

图 7.3

（a）双层二碲化钨结构俯视图；（b）1×1 的双层二碲化钨结构的侧视图

7.2.2 计算方法

整个计算过程采用了基于密度泛函的第一性原理计算软件包 VASP。过程中通过 PAW 方法来描述最外层价电子和离子实之间的相互作用，交换关联泛函选取了基于广义梯度近似的 PBE 泛函。此外，还考虑了层间的范德瓦尔斯作用，因而在计算过程中采用 vdW-DF（optB88-vdW）方法对相互作用力做了修正。计算过程中相关参数设置如下：平面波的截断能为 400eV，在布里渊区 K 点网格取

样采用 $Monkhorst$-Pack 方法，为 $6 \times 6 \times 1$；在结构优化过程中，原子受力收敛标准为小于 0.02eVÅ^{-1}，能量收敛标准为 $1 \times 10^{-5}\text{eV}$；在计算能带结构的过程中还考虑了体系的自旋轨道耦合作用。

7.3 计算结果与分析

为了研究电场对二碲化钨能带劈裂的影响，在体系的 z 方向加了大小不同的电场，并且计算了各种电场下体系的能带结构，将其与未加电场的体系的能带结构进行对比来分析电场对体系能带结构的影响。

首先计算了未加电场下二碲化钨的原子结构，计算发现，层与层之间的距离（Te 与 Te）为 3.44Å，Te 与 W 之间的键长为 2.73Å，均与之前的理论结果是一致的。接下来计算了其能带结构，如图 7.4 所示，从图中可以看出，二碲化钨是间接带隙为 0.793eV 的半导体，价带的最大值位于高对称点 K 处，导带的最小值位于高对称点 Γ 与 K 之间。由于 AB 堆垛的二碲化钨在结构上具有空间反演对称性，在高对称点 K 处的价带顶和导带底的自旋劈裂基本为零，这个数据和之前的理论结果是一致的。

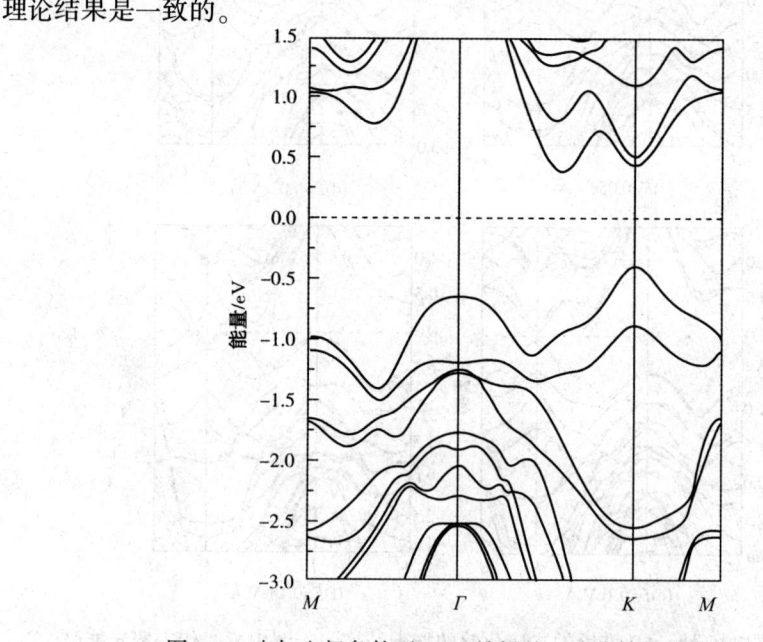

图 7.4 未加电场条件下，AB 堆垛的二碲化钨的能带结构图

新型低维材料异质结的能谷电子 性质及调控

接着，在体系的 z 方向加了强度不同的电场，通过计算发现电场对体系的层间距并没有影响，层间距仍然为 3.44Å，除此之外也计算了各个电场下体系的能带结构，如图 7.5 所示。根据计算结果计算了各个能带的带隙以及在高对称点 K 处的价带顶和导带底的自旋劈裂的大小，结果总结如表 7.1 所示。

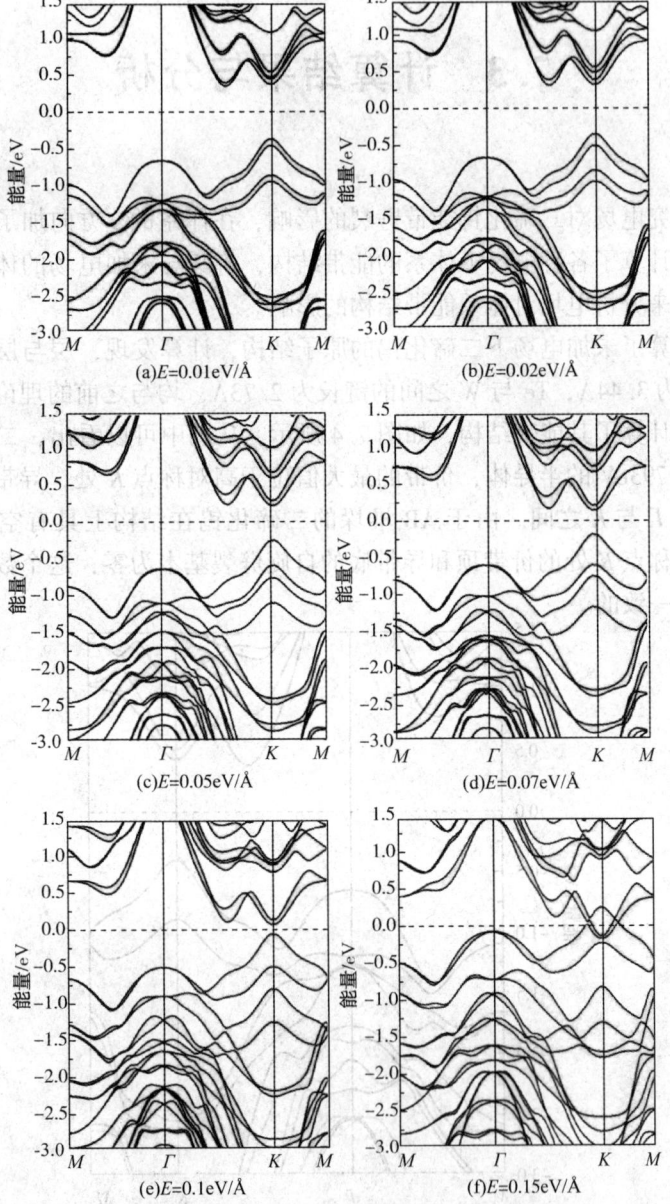

图 7.5　不同电场下，AB 堆垛的二碲化钨的能带结构图，图中虚线代表费米能级

· 132 ·

7 电场对WTe$_2$双层电子结构的影响

表7.1 不同电场强度下，体系带隙以及 K 点价带顶和导带底自旋劈裂大小

电场强度/(eV/Å)	0	0.01	0.02	0.05	0.07	0.1
K 点价带顶自旋劈裂/meV	0	92	158	340	422	449
K 点导带底自旋劈裂/meV	0	67	67	66	65	63
带隙/eV	0.793 间接	0.739 间接	0.737 直接	0.466 直接	0.32 直接	0.118 直接

首先从图 7.5 中可以看出，在加了垂直方向的电场后，体系的带隙有了很大的改变。从图 7.4 知，未加电场时，体系价带的最大值位于高对称点 K 处，导带的最小值位于高对称点 Γ 与 K 之间，是具有 0.793eV 间接带隙的半导体。当在垂直二碲化钨表面加 0.01eV/Å 大小的电场时，体系价带最大值与导带最小值所在位置没有发生改变，但是体系具有的间接带隙有所减小。继续增大所加电场强度到 0.02eV/Å 时，体系价带顶所在位置没有发生改变，而体系的导带底由原来的 Γ 与 K 之间转变到了 K 点，变为直接带隙的半导体。随着电场强度的继续增大，从图和表中均可以看出体系的带隙一直在减小，并且均为直接带隙，当电场强度增大到 0.15eV/Å 时，带隙变为零，体系体现出金属性。通过分析发现，随着电场强度的增大，体系带隙减小是由于电场的出现在体系中产生了均匀的额外势场，从而引起的电子能级之间排斥作用使得价带顶向上移动，导带底向下移动，导致体系带隙减小。

除了体系带隙的变化，从表 7.1 中还可以看出，在电场从 0eV/Å 逐渐增加到 0.1eV/Å 的过程中，K 点价带顶处能带的自旋劈裂也是逐渐增大，在 0.1eV/Å 的电场强度下。价带顶的劈裂达到 449meV。这种自旋劈裂不同于面内的 Rashba 劈裂，研究发现，在 K 点处的自旋矢量是垂直于体系表面的，为塞曼劈裂。从图 7.5 中还可以看到，体系加电场后，在 Γ 点附近，价带也出现了 Rashba 劈裂，随着电场强度的增大，劈裂仍然存在，但是劈裂的大小并没有明显的增大。除此之外，对于导带底，当电场强度为 0.01eV/Å 时，其自旋劈裂由未加电场时基本为零的劈裂增大到 67meV，但是当电场继续增大时，体系导带底的自旋劈裂不会再继续增大，基本不再发生变化，这是由于在体系突然加垂直表面的电场 0.01eV/Å 时，体系原本的空间反演对称性被打破，在 z 方向具有均匀的势场，因此能带在加电场后发生劈裂。

· 133 ·

7.4 本章小结

　　本章通过第一性原理方法计算研究了电场对双层二碲化钨能带结构中自旋劈裂的影响，并且和无电场条件下的情况作了对比。研究发现，在无电场条件下，双层二碲化钨为间接带隙的半导体，并且在高对称点 K 处的价带顶和导带底具有大小基本为零的劈裂。当对体系施加垂直表面的电场后，当电场的大小为0.02eV/Å 时，体系由原来的间接带隙转变为直接带隙，当电场继续增大时，随着电场强度的增大，体系的直接带隙持续地减小，当电场强度为 0.15eV/Å 时，体系带隙减小为零，体系具有金属性。除了带隙的变化之外，电场还对体系能带的自旋劈裂有较大的影响。在电场由 0eV/Å 增大到 0.1eV/Å 的过程中，体系位于布里渊区高对称点 K 处的价带顶处能带的自旋劈裂持续地增大，达到449meV。而导带底的能带加电场后由未加电场时基本为零的劈裂增大到 67meV 的劈裂后基本保持不变。这表明，可以通过电场来对双层二碲化钨的电子结构进行调制，为实验上调控其电子结构提供了理论的依据。

总结与展望 8

8.1 总 结

基于密度泛函的第一性原理计算方法，本书主要介绍了由二维材料构成的垂直异质结中的能谷电子学，从理论上分析了 $MoSe_2/WSe_2$ 异质结中的激子辐射跃迁，得到了以下的结果：

（1）研究了 Silicene/Bi 以及 Germanene/SbF 异质结的能谷电子学性质。研究表明，形成异质结是拓展能谷电子学材料和丰富其性能的有效方法。将弱自旋轨道耦合材料与强自旋轨道耦合材料构成异质结，可以有效地调制前者的带隙、自旋劈裂和能带色散等性质。研究发现，在 Silicene/Bi 中，硅烯的能谷处打开了可观的带隙，而且产生了比 MoS_2 自旋劈裂更大的自旋劈裂，因此其能谷电子学性能超过了某些 TMDs 材料。Germanene/SbF 中，除了在能谷处打开带隙和产生很大的自旋劈裂外，计算还发现它同时也是拓扑绝缘体。计算表明，它们在不等价能谷处的贝里曲率相反，因此具有贝里相关的丰富的物理现象，如能谷跃迁的光选择定则、能谷霍尔效应以及能谷自旋锁定等。因此，构造异质结不仅可以丰富能谷电子学材料，还能将不同材料的不同性质通过形成异质结的方法结合在一起，协同产生新的性质。

（2）研究了 $MoSe_2/WSe_2$ 异质结的激子辐射跃迁。研究表明，只要形成的异质结能带满足能带第二类交错排列要求，就有可能形成层间激子，从而大幅提高能谷激子寿命，提高能谷电子学器件的性能，因此，构造异质结是提高已有能谷电子学材料性能的有效方法。研究发现，层间激子寿命比层内激子寿命延长了几百倍，而且层间激子复合产生的圆偏振光的极性与入射圆偏振光的极性一致，说明能谷极化可以通过层间激子保持更长的时间。层内激子和层间激子的跃迁性质与堆垛有关，同时通过外加电场可以有效地双向调节异质结的带隙以及能级之间的间距，这为今后操控能谷自由度提供了新的途径。

（3）研究了 $MoSe_2/WSe_2$ 异质结与 WTe_2 双层电子性质的电场调控。外加偏压对异质结 $MoSe_2/WSe_2$ 电子结构的调控不同于其对 TMDs 同质结电子结构的调控。$MoSe_2/WSe_2$ 本身具有直接带隙，施加不同方向的偏压后，异质结虽保持直接带隙，但其带隙大小对不同方向的偏压响应不同。此外，两种堆垛的异质结 K 点处价带顶能带劈裂也可通过偏压实现双向调控。导带底均由 $MoSe_2$ 单独贡献，未受外加偏压大小及方向的影响。研究表明可通过电场对 WTe_2 双层电子结构进行调控。以上研究可为实验方面的研究提供理论依据和指导。

· 136 ·

8.2 展　望

根据目前能谷电子学的研究现状，在已有研究工作的基础上，未来应从以下几个方面继续开展研究：

(1)研究磁性异质结中的能谷电子学。通过构造磁性异质结或者施加外磁场，研究打破体系的时间反演对称性和空间反演对称性的方法，打破能谷的简并，实现能谷的极化，进一步拓宽能谷电子学材料。

(2)研究非辐射跃迁的机理。通过研究 TMDs 中激子的辐射跃迁，发现层间激子能大幅提高能谷极化的寿命。层间激子的形成依赖于非辐射跃迁，但是非辐射跃迁的定量研究目前还十分欠缺。今后应着重研究激子的非辐射跃迁，进一步揭示激子形成和复合的物理机制。

(3)研究多层异质结以及面内异质结。在研究双层异质结的基础上，研究多层异质结。在多层异质结中考虑两种以上的材料。除了垂直异质结外，还应考虑平面内的异质结，并且进一步研究这些异质结的光学和电学响应。

参 考 文 献

[1] K. S. Novoselov, D. Jiang, F. Schedin, T. J. Booth, V. V. Khotkevich, S. V. Morozov, A. K. Geim. Two-dimensional atomic crystals. Proc Natl Acad Sci, 2005, 102: 10451-10453.

[2] K. S. Novoselov, A. K. Geim, S. V. Morozov, D. Jiang, Y. Zhang, S. V. Dubonos, I. V. Grigorieva, A. A. Firsov. Electric field effect in atomically thin carbon films. Science, 2004, 306: 666-669.

[3] D. Wei, Y. Liu, Y. Wang, H. Zhang, L. Huang, G. Yu. Synthesis of N-doped graphene by chemical vapor deposition and its electrical properties. Nano letters, 2009, 9: 1752-1758.

[4] J. Park, W. C. Mitchel, L. Grazulis, H. E. Smith, K. G. Eyink, J. J. Boeckl, D. H. Tomich, S. D. Pacley, J. E. Hoelscher. Epitaxial graphene growth by carbon molecular beam epitaxy (CMBE). Advanced materials 2010, 22: 4140-4145.

[5] J. H. Chen, C. Jang, S. Xiao, M. Ishigami, M. S. Fuhrer. Intrinsic and extrinsic performance limits of graphene devices on SiO_2. Nature nanotechnology, 2008, 3: 206-209.

[6] S. V. Morozov, K. S. Novoselov, M. I. Katsnelson, F. Schedin, D. C. Elias, J. A. Jaszczak, A. K. Geim. Giant intrinsic carrier mobilities in graphene and its bilayer. Physical review letters, 2008, 100: 016602.

[7] A. A. Balandin, S. Ghosh, W. Bao, I. Calizo, Desalegne Teweldebrhan. Superior thermal conductivity of Single-Layer Graphene. Nano letters, 2008, 8: 902-907.

[8] C. L. Kane, E. J. Mele. Quantum spin Hall effect in graphene. Physical review letters, 2005, 95: 226801.

[9] Y. Zhang, Y. W. Tan, H. L. Stormer, P. Kim. Experimental observation of the quantum Hall effect and Berry's phase in graphene. Nature, 2005, 438: 201-204.

[10] K. S. Novoselov, Z. Jiang, Y. Zhang, S. V. Morozov, H. L. Stormer, U. Zeitler, J. C. Maan, G. S. Boebinger, P. Kim, A. K. Geim. Room-temperature quantum Hall effect in graphene. Science, 2007, 315: 1379.

[11] A. H. Castro Neto, F. Guinea, N. M. R. Peres, K. S. Novoselov, A. K. Geim. The electronic properties of graphene. Reviews of Modern Physics, 2009, 81: 109-162.

[12] S. Cahangirov, M. Topsakal, E. Akturk, H. Sahin, S. Ciraci. Two- and one-dimensional honeycomb structures of silicon and germanium. Physical review letters, 2009, 102: 236804.

[13] J. Wang, S. Deng, Z. Liu, Z. Liu. The rare two-dimensional materials with Dirac cones. National Science Review 2015, 2: 22-39.

[14] L. C. Lew Yan Voon, E. Sandberg, R. S. Aga, A. A. Farajian. Hydrogen compounds of group-IV nanosheets. Applied Physics Letters, 2010, 97: 163114.

[15] M. Ezawa. Monolayer topological insulators: silicene, Germanene and stanene. Journal of the Physical Society of Japan, 2015, 84: 121003.

[16] C. C. Liu, W. Feng, Y. Yao. Quantum spin Hall effect in silicene and two-dimensional germanium. Physical review letters, 2011, 107: 076802.

[17] M. Ezawa. Valley - polarized metals and quantum anomalous Hall effect in silicene. Physical review letters, 2012, 109: 055502.

[18] M. Ezawa. Photoinduced topological phase transition and a single Dirac-cone state in silicene. Physical review letters, 2013, 110: 026603.

[19] W. F. Tsai, C. Y. Huang, T. R. Chang, H. Lin, H. T. Jeng, A. Bansil. Gated silicene as a tunable source of nearly 100% spin-polarized electrons. Nature communications, 2013, 4: 1500.

[20] Z. Ping Niu, S. Dong. Valley and spin thermoelectric transport in ferromagnetic silicene junctions. Applied Physics Letters, 2014, 104: 202401.

[21] H. Pan, Z. Li, C. C. Liu, G. Zhu, Z. Qiao, Y. Yao. Valley-polarized quantum anomalous Hall effect in silicene. Physical review letters, 2014, 112: 106802.

[22] B. Feng, Z. Ding, S. Meng, Y. Yao, X. He, P. Cheng, L. Chen, K. Wu. Evidence of silicene in honeycomb structures of silicon on Ag(111), Nano letters, 2012, 12: 3507-3511.

[23] A. Fleurence, R. Friedlein, T. Ozaki, H. Kawai, Y. Wang, Y. Yamada-Takamura. Experimental evidence for epitaxial silicene on diboride thin films. Physical review letters, 2012, 108: 245501.

[24] L. Meng, Y. Wang, L. Zhang, S. Du, R. Wu, L. Li, Y. Zhang, G. Li, H. Zhou, W. A. Hofer, H. J. Gao. Buckled silicene formation on Ir(111). Nano letters, 2013, 13: 685-690.

[25] D. Chiappe, E. Scalise, E. Cinquanta, C. Grazianetti, B. van den Broek, M. Fanciulli, M. Houssa, A. Molle. Two-dimensional Si nanosheets with local hexagonal structure on a MoS(2) surface, Advanced materials, 2014, 26: 2096-2101.

[26] E. Bianco, S. Butler, S. Jiang, O. D. Restrepo, W. Windl, J. E. Goldberger. Stability and exfoliation of germanane: a germanium graphane analogue. ACS Nano, 2013, 7.

[27] L. Li, S. Z. Lu, J. Pan, Z. Qin, Y. Q. Wang, Y. Wang, G. Y. Cao, S. Du, H. J. Gao. Buckled Germanene formation on Pt (111). Advanced materials, 2014, 26: 4820-4824.

[28] F. -f. Zhu, W. -j. Chen, Y. Xu, C. -l. Gao, D. -d. Guan, C. -h. Liu. Epitaxial growth of two-dimensional stanene. Nature Materials, 2015, 14.

[29] M. Xu, T. Liang, M. Shi, H. Chen. Graphene-like two-dimensional materials. Chemical reviews, 2013, 113: 3766-3798.

[30] Q. H. Wang, K. Kalantar-Zadeh, A. Kis, J. N. Coleman, M. S. Strano. Electronics and optoelectronics of two-dimensional Nature nanotechnology7. 699-712 (2012).

[31] K. G. Zhou, N. N. Mao, H. X. Wang, Y. Peng, H. L. Zhang. A mixed-solvent strategy for efficient exfoliation of inorganic graphene analogues. Angewandte Chemie, 2011, 50: 10839-10842.

[32] J. N. Coleman, M. Lotya, A. O'Neill, S. D. Bergin, P. J. King, U. Khan, K. Young, A. Gaucher, S. De, R. J. Smith, I. V. Shvets, S. K. Arora, G. Stanton, H. Y. Kim, K. Lee, G. T. Kim, G. S. Duesberg, T. Hallam, J. J. Boland, J. J. Wang, J. F. Donegan, J. C. Grunlan, G. Moriarty, A. Shmeliov, R. J. Nicholls, J. M. Perkins, E. M. Grieveson, K. Theuwissen, D. W. McComb, P. D. Nellist, V. Nicolosi. Two-dimensional nanosheets produced by liquid exfoliation of layered materials. Science, 2011, 331: 568-571.

[33] R. J. Smith, P. J. King, M. Lotya, C. Wirtz, U. Khan, S. De, A. O'Neill, G. S. Duesberg, J. C. Grunlan, G. Moriarty, J. Chen, J. Wang, A. I. Minett, V. Nicolosi, J. N. Coleman. Large-scale exfoliation of inorganic layered compounds in aqueous surfactant solutions. Advanced materials, 2011, 23: 3944-3948.

[34] S. Tongay, J. Zhou, C. Ataca, K. Lo, T. S. Matthews, J. Li, J. C. Grossman, J. Wu. Thermally driven crossover from indirect toward direct bandgap in 2D semiconductors: $MoSe_2$ versus MoS_2. Nano letters, 2012, 12: 5576-5580.

[35] Z. Zeng, Z. Yin, X. Huang, H. Li, Q. He, G. Lu, F. Boey, H. Zhang. Single-layer semiconducting nanosheets: high-yield preparation and device fabrication. Angewandte Chemie, 2011, 50: 11093-11097.

[36] K. K. Liu, W. Zhang, Y. H. Lee, Y. C. Lin, M. T. Chang, C. Y. Su, C. S. Chang, H. Li, Y. Shi, H. Zhang, C. S. Lai, L. J. Li. Growth of large-area

and highly crystalline MoS_2 thin layers on insulating substrates. Nano letters, 2012, 12: 1538-1544.

[37] Y. Zhan, Z. Liu, S. Najmaei, P. M. Ajayan, J. Lou. Large-area vapor-phase growth and characterization of MoS_2 atomic layers on a SiO_2 substrate. Small, 2012, 8: 966-971.

[38] S. Najmaei, Z. Liu, W. Zhou, X. Zou, G. Shi. Vapour phase growth and grain boundary structure of molybdenum disulphide atomic layers. Nature Materials, 2013, 12: 754-759.

[39] Y. Liu, R. Cheng, L. Liao, H. Zhou, J. Bai, G. Liu, L. Liu, Y. Huang, X. Duan. Plasmon resonance enhanced multicolour photodetection by graphene. Nature communications, 2011, 2: 579.

[40] G. Konstantatos, M. Badioli, L. Gaudreau, J. Osmond, M. Bernechea. Hybrid graphene – quantum dot phototransistors with ultrahigh gain. Nature nanotechnology, 2012, 7: 363-368.

[41] L. Liao, J. Bai, Y. Qu, Y. C. Lin, Y. Li, Y. Huang, X. Duan. High-kappa oxide nanoribbons as gate dielectrics for high mobility top-gated graphene transistors. Proc Natl Acad Sci, 2010, 107: 6711-6715.

[42] L. Liao, Y. C. Lin, M. Bao, R. Cheng, J. Bai, Y. Liu, Y. Qu, K. L. Wang, Y. Huang, X. Duan. High – speed graphene transistors with a self – aligned nanowire gate. Nature, 2010, 467: 305-308.

[43] Y. Liu, N. O. Weiss, X. Duan, H. -C. Cheng, Y. Huang, X. Duan. Van der Waals heterostructures and devices. Nature Reviews Materials, 2016, 1: 16042.

[44] C. R. Dean, A. F. Young, I. Meric, C. Lee, L. Wang, S. Sorgenfrei, K. Watanabe, T. Taniguchi, P. Kim, K. L. Shepard, J. Hone. Boron nitride substrates for high-quality graphene electronics. Nature nanotechnology, 2010, 5: 722-726.

[45] A. S. Mayorov, R. V. Gorbachev, S. V. Morozov, L. Britnell, R. Jalil, L. A. Ponomarenko, P. Blake, K. S. Novoselov, K. Watanabe, T. Taniguchi, A. K. Geim. Micrometer-scale ballistic transport in encapsulated graphene at room temperature. Nano letters, 2011, 11: 2396-2399.

[46] C. R. Woods, L. Britnell, A. Eckmann, R. S. Ma, J. C. Lu. Commensurate-incommensurate transition in graphene on hexagonal boron nitride. Nature Physics, 2014, 10: 451-456.

[47] X. Cui, G. -H. Lee, Y. D. Kim, G. Arefe. Multi-terminal transport measurements of MoS2 using a van derWaals heterostructure device platform. Nature

nanotechnology, 2015, 10: 534-540.

[48] X. Hong, J. Kim, S. -F. Shi, Y. Zhang, C. Jin. Ultrafast charge transfer in a-tomically thin MoS_2/WS_2 heterostructures. Nature nanotechnology, 2014, 9: 682-686.

[49] P. Rivera, J. R. Schaibley, A. M. Jones, J. S. Ross, S. Wu, G. Aivazian, P. Klement, K. Seyler, G. Clark, N. J. Ghimire, J. Yan, D. G. Mandrus, W. Yao, X. Xu. Observation of long-lived interlayer excitons in monolayer $MoSe_2-WSe_2$ heterostructures. Nature communications, 2015, 6: 6242.

[50] F. Ceballos, M. Z. Bellus, H. Y. Chiu, H. Zhao. Probing charge transfer excit-ons in a $MoSe_2-WS_2$ van der Waals heterostructure. Nanoscale, 2015, 7: 17523-17528.

[51] M. -H. Chiu, M. -Y. Li, W. Zhang, W. -T. Hsu, W. -H. Chang. Spectro-scopic signatures for interlayer coupling in MoS_2-WSe_2 van der Waals stacking. ACS Nano, 2014, 9: 9649-9656.

[52] L. A. Ponomarenko, A. K. Geim, A. A. Zhukov, R. Jalil, S. V. Morozov, K. S. Novoselov. Tunable metal-insulator transition in double-layer graphene heterostructures. Nature Physics, 2011, 7: 958-961.

[53] H. Fang, C. Battaglia, C. Carraroc, S. Nemsak, B. Ozdole, J. S. Kang. Strong interlayer coupling in van der Waals heterostructures built from single-layer chal-cogenides. Proc Natl Acad Sci, 2014, 111: 6198-6202.

[54] K. Liu, L. Zhang, T. Cao, C. Jin, D. Qiu, Q. Zhou, A. Zettl, P. Yang, S. G. Louie, F. Wang. Evolution of interlayer coupling in twisted molybdenum disulfide bilayers. Nature communications, 2014, 5: 4966.

[55] F. Withers, O. D. Pozo-Zamudio, A. Mishchenko, A. P. Rooney, A. Gholinia. Light-emitting diodes by band-structure engineering in van derWaals heterostruc-tures. Nature Materials, 2015, 14: 301-306.

[56] X. Duan, C. Wang, J. C. Shaw, R. Cheng, Y. Chen. Lateral epitaxial growth of two - dimensional layered semiconductor heterojunctions. Nature nanotechnology, 2014, 9: 1024-1030.

[57] A. Yan, J. Velasco, Jr. , S. Kahn, K. Watanabe, T. Taniguchi, F. Wang, M. F. Crommie, A. Zettl. Direct growth of single- and few-layer MoS_2 on h-BN with preferred relative rotation angles, Nano letters, 2015, 15: 6324-6331.

[58] Y. Gong, J. Lin, X. Wang, G. Shi, S. Lei. Vertical and in-plane heterostruc-tures from WS_2 MoS_2 monolayers. Nature Materials, 2014, 13: 1135-1142.

[59] C. E. Nebel. Electrons dance in diamond. Nature Materials, 2013, 12: 690-691.

[60] J. Isberg, M. Gabrysch, J. Hammersberg, S. Majdi, K. K. Kovi, Generation. transport and detection of valley – polarized electrons in diamond. Nature Materials, 2013, 12: 760-764.

[61] K. Eng, R. N. McFarland, B. E. Kane. Integer quantum Hall effect on a six-valley hydrogen-passivated silicon (111) surface. Physical review letters, 2007, 99: 016801.

[62] M. Shayegan, E. P. De Poortere, O. Gunawan, Y. P. Shkolnikov, E. Tutuc, K. Vakili. Two – dimensional electrons occupying multiple valleys in AlAs. physica status solidi (b), 2006, 243: 3629-3642.

[63] A. Rycerz, J. Tworzydło, C. W. J. Beenakker. Valley filter and valley valve in graphene. Nature Physics, 2007, 3: 172-175.

[64] A. R. Akhmerov, J. H. Bardarson, A. Rycerz, C. W. J. Beenakker. Theory of the valley-valve effect in graphene nanoribbons. Physical Review B, 2008, 77.

[65] Z. Z. Zhang, K. Chang, K. S. Chan. Resonant tunneling through double-bended graphene nanoribbons. Applied Physics Letters, 2008, 93: 062106.

[66] Y. W. Son, M. L. Cohen, S. G. Louie. Half – metallic graphene nanoribbons. Nature, 2006, 444: 347-349.

[67] Y. -W. Son, M. L. Cohen, S. G. Louie. Energy gaps in graphene nanoribbons. Physical review letters, 2006, 97: 216803.

[68] D. Gunlycke, C. T. White. Graphene valley filter using a line defect. Physical review letters, 2011, 106: 136806.

[69] J. H. Chen, G. Autès, N. Alem, F. Gargiulo, A. Gautam, M. Linck, C. Kisielowski, O. V. Yazyev, S. G. Louie, A. Zettl. Controlled growth of a line defect in graphene and implications for gate-tunable valley filtering. Physical Review B, 2014, 89.

[70] Z. Wu, F. Zhai, F. M. Peeters, H. Q. Xu, K. Chang. Valley – dependent Brewster angles and Goos-Hanchen effect in strained graphene. Physical review letters, 2011, 106: 176802.

[71] S. A. Wolf, D. D. Awschalom, R. A. Buhrman, J. M. Daughton, S. v. Molna, M. L. Roukes, A. Y. Chtchelkanova, D. M. Treger. Spintronics: a spin-based electronics vision for the future. Science, 2001, 294: 1488-1495.

[72] D. Xiao, M. -C. Chang, Q. Niu. Berry phase effects on electronic properties. Reviews of Modern Physics, 2010, 82: 1959-2007.

[73] W. Yao, D. Xiao, Q. Niu. Valley – dependent optoelectronics from inversion symmetry breaking. Physical Review B, 2008, 77: 235406.

[74] D. Xiao, W. Yao, Q. Niu. Valley-contrasting physics in graphene: magnetic

moment and topological transport. Physical review letters, 2007, 99, 236809.

[75] M. K. Lee, N. Y. Lue, C. K. Wen, G. Y. Wu. Valley-based field-effect transistors in graphene. Physical Review B, 2012, 86.

[76] G. Y. Wu, N. Y. Lue. Graphene-based qubits in quantum communications. Physical Review B, 2012, 86.

[77] G. Y. Wu, N. Y. Lue, L. Chang. Graphene quantum dots for valley-based quantum computing: A feasibility study. Physical Review B, 2011, 84.

[78] T. Cao, G. Wang, W. Han, H. Ye, C. Zhu, J. Shi, Q. Niu, P. Tan, E. Wang, B. Liu, J. Feng. Valley-selective circular dichroism of monolayer molybdenum disulphide. Nature communications, 2012, 3: 887.

[79] T. Li, G. Galli, Electronic properties of MoS2 nanoparticles, J. Phys. Chem. C, 2007, 111: 16192-16196.

[80] Z. Y. Zhu, Y. C. Cheng, U. Schwingenschlögl. Giant spin-orbit-induced spin splitting in two-dimensional transition-metal dichalcogenide semiconductors. Physical Review B, 2011, 84.

[81] S. Lebègue, O. Eriksson. Electronic structure of two-dimensional crystals fromab initiotheory. Physical Review B, 2009, 79.

[82] K. F. Mak, K. He, J. Shan, T. F. Heinz. Control of valley polarization in monolayer MoS_2 by optical helicity. Nature nanotechnology, 2012, 7: 494-498.

[83] H. Zeng, J. Dai, W. Yao, D. Xiao, X. Cui. Valley polarization in MoS_2 monolayers by optical pumping. Nature nanotechnology, 2012, 7: 490-493.

[84] J. Qi, X. Li, Q. Niu, J. Feng. Giant and tunable valley degeneracy splitting in $MoTe_2$. Physical Review B, 2015, 92.

[85] G. Aivazian, Z. Gong, A. M. Jones, R. -L. Chu, J. Yan, D. G. Mandrus. Magnetic control of valley pseudospin in monolayerWSe_2. Nature Physics, 2015, 11: 148-152.

[86] D. Xiao, G. B. Liu, W. Feng, X. Xu, W. Yao. Coupled spin and valley physics in monolayers of MoS_2 and other group-VI dichalcogenides. Physical review letters, 2012, 108: 196802.

[87] W. Feng, Y. Yao, W. Zhu, J. Zhou, W. Yao, D. Xiao. Intrinsic spin Hall effect in monolayers of group-VI dichalcogenides: A first-principles study. Physical Review B, 2012, 86.

[88] G. -B. Liu, W. -Y. Shan, Y. Yao, W. Yao, D. Xiao. Three-band tight-binding model for monolayers of group-VIB transition metal dichalcogenides. Physical Review B, 2013, 88.

[89] K. F. Mak, K. L. McGill, J. Park, P. L. McEuen. The valley Hall effect in

MoS2 transistors. Science, 2014, 344: 1489–1491.

[90] Z. Gong, G. B. Liu, H. Yu, D. Xiao, X. Cui, X. Xu, W. Yao. Magnetoelectric effects and valley-controlled spin quantum gates in transition metal dichalcogenide bilayers. Nature communications, 2013, 4: 2053.

[91] Y. Song, H. Dery. Transport theory of monolayer transition-metal dichalcogenides through symmetry. Physical review letters, 2013, 111: 026601.

[92] A. M. Jones, H. Yu, J. S. Ross, P. Klement, N. J. Ghimire. Spin-layer locking effects in optical orientation of exciton spin in bilayer WSe_2. Nature physics, 2014, 10: 130–134.

[93] G. -B. Liu, D. Xiao, Y. Yao, X. Xu, W. Yao. Electronic structures and theoretical modelling of two-dimensional group-VIB transition metal dichalcogenides. Chemical Society Reviews, 2015, 44: 2643–2663.

[94] X. Xu, W. Yao, D. Xiao, T. F. Heinz. Spin and pseudospins in layered transition metal dichalcogenides. Nature Physics, 2014, 10: 343–350.

[95] J. A. People, M. S. Gordon. Molecular Orbital Theory of the Electronic Structure of Organic Compounds. I. Substituent Effects and Dipole Moments. J. ournal of American Chemical Socirty, 1967, 89: 4253–4261.

[96] G. W. A, H. L. B. The description of chemical bonding from ab initio calculations. Ann Rev Phys Chem, 1978, 29: 363–396.

[97] W. Kohn, L. J. Sham. Self-consistent equations including exchange and correlation effects. Physical Review, 1965, 140: A1133–A1138.

[98] D. M. Ceperley, B. J. Alder. Ground state of the electron gas by a Stochastic method. Physical review letters, 1980, 45: 566–569.

[99] J. P. Perdew, A. Zunger. Self-interaction correction to density-functional approximations for many - electron systems. Physical Review B, 1981, 23: 5048–5079.

[100] J. P. Perdew, K. Burke, M. Ernzerhof. Generalized gradient approximation made simple. Physical review letters, 1996, 77: 3865.

[101] M. Brandbyge, J. -L. Mozos, P. Ordejón, J. Taylor, K. Stokbro. Density-functional method for nonequilibrium electron transport. Physical Review B, 2002, 65.

[102] A. A. Mostofi, J. R. Yates, Y. -S. Lee, I. Souza, D. Vanderbilt, N. Marzari. wannier90: A tool for obtaining maximally-localised Wannier functions. Computer Physics Communications, 2008, 178: 685–699.

[103] N. Marzari, D. Vanderbilt. Maximally localized generalized Wannier functions for composite energy bands. Physical Review B, 1997, 56: 12847.

[104] I. Souza, N. Marzari, D. Vanderbilt. Maximally localized Wannier functions for entangled energy bands. Physical Review B, 2001, 65.

[105] C. L. Kane, E. J. Mele. Z2 topological order and the quantum spin Hall effect. Physical review letters, 2005, 95: 146802.

[106] C. L. Kane. Condensed matter: An insulator with a twist. Nature Physics, 2008, 5: 348-349.

[107] M. Ezawa. Spin valleytronics in silicene: Quantum spin Hall - quantum anomalous Hall insulators and single - valley semimetals. Physical Review B, 2013, 87.

[108] A. Popescu, L. M. Woods, Valleytronics. carrier filtering and thermoelectricity in bismuth: magnetic field polarization effects. Advanced Functional Materials, 2012, 22: 3945-3949.

[109] Z. Zhu, A. Collaudin, B. Fauqué, W. Kang, K. Behnia. Field-induced polarization of Dirac valleys in bismuth. Nature Physics, 2012, 8, 89.

[110] G. Kresse, J. Furthmiiller. Efficiency of ab-initio total energy calculations for metals and semiconductors using a plane - wave basis set. Computational Materials Science, 1996, 6, 15.

[111] G. Kresse, J. Furthmuller. Efficient iterative schemes for ab initio total-energy calculations using a plane - wave basis set. Physical Review B, 1996, 54: 11169.

[112] A. A. Soluyanov, D. Vanderbilt. Computing topological invariants without inversion symmetry. Physical Review B, 2011, 83.

[113] R. Quhe, Y. Yuan, J. Zheng, Y. Wang, Z. Ni, J. Shi, D. Yu, J. Yang, J. Lu. Does the Dirac cone exist in silicene on metal substrates? Scientific reports, 2014, 4: 5476.

[114] Z. -X. Guo, S. Furuya, J. -i. Iwata, A. Oshiyama. Absence and presence of Dirac electrons in silicene on substrates. Physical Review B, 2013, 87.

[115] H. Yuan, M. S. Bahramy, K. Morimoto, SanfengWu. Zeeman-type spin splitting controlled by an electric field. Nature Physics, 2013, 9: 563.

[116] X. L. Zhang, L. F. Liu, W. M. Liu. Quantum anomalous Hall effect and tunable topological states in 3d transition metals doped silicene. Scientific reports, 2013, 3: 2908.

[117] K. Lee, W. S. Yun, J. D. Lee. Giant Rashba-type splitting in molybdenum-driven bands ofMoS$_2$/Bi(111)heterostructure. Physical Review B, 2015, 91.

[118] M. B. Lundeberg, J. A. Folk. Harnessing chirality for valleytronics. Science, 2014, 346: 6208.

[119] G. Baskaran. Silicene and Germanene as prospective playgrounds for Room Temperature Superconductivity, arXiv, 2013, 1309: 2242.

[120] M. E. Dávila, L. Xian, S. Cahangirov, A. Rubio, G. Le Lay. Germanene: a novel two-dimensional germanium allotrope akin to graphene and silicene. New Journal of Physics, 2014, 16: 095002.

[121] Z. Ni, Q. Liu, K. Tang, J. Zheng, J. Zhou, R. Qin, Z. Gao, D. Yu, J. Lu. Tunable bandgap in silicene and Germanene. Nano letters, 2012, 12: 113-118.

[122] F. -C. Chuang, C. -H. Hsu, C. -Y. Chen, Z. -Q. Huang, V. Ozolins, H. Lin, A. Bansil. Tunable topological electronic structures in Sb(111) bilayers: A first-principles study. Applied Physics Letters, 2013, 102: 022424.

[123] Z. Song, C. -C. Liu, J. Yang, J. Han, M. Ye, B. Fu, Y. Yang, Q. Niu, J. Lu, Y. Yao. Quantum spin Hall insulators and quantum valley Hall insulators of BiX/SbX (X = H, F, Cl and Br) monolayers with a record bulk band gap. NPG Asia Materials, 2014, 6: e147.

[124] K. F. Mak, K. He, C. Lee, G. H. Lee, J. Hone. Tightly bound trions in monolayer MoS_2. Nature Materials, 2013, 12: 207-211.

[125] J. S. Ross, S. Wu, H. Yu, N. J. Ghimire, A. M. Jones, G. Aivazian, J. Yan, D. G. Mandrus, D. Xiao, W. Yao, X. Xu. Electrical control of neutral and charged excitons in a monolayer semiconductor. Nature communications, 2013, 4: 1474.

[126] A. M. Jones, H. Yu, N. J. Ghimire, S. Wu, GrantAivazian. Optical generation of excitonic valley coherence in monolayer WSe_2. Nature nanotechnology, 2013, 8: 634-638.

[127] H. Yu, X. Cui, X. Xu, W. Yao. Valley excitons in two-dimensional semiconductors. National Science Review, 2015, 2: 57-70.

[128] H. Yu, G. B. Liu, P. Gong, X. Xu, W. Yao. Dirac cones and Dirac saddle points of bright excitons in monolayer transition metal dichalcogenides. Nature communications, 2014, 5: 3876.

[129] A. Chernikov, T. C. Berkelbach, H. M. Hill, A. Rigosi, Y. Li, O. B. Aslan, D. R. Reichman, M. S. Hybertsen, T. F. Heinz. Exciton binding energy and nonhydrogenic Rydberg series in monolayer WS_2. Physical review letters, 2014, 113, 076802.

[130] D. Y. Qiu, F. H. da Jornada, S. G. Louie, Optical spectrum of MoS2: many-body effects and diversity of exciton states, Physical review letters 111, 216805 (2013).

[131] K. He, N. Kumar, L. Zhao, Z. Wang, K. F. Mak, H. Zhao, J. Shan. Tightly bound excitons in monolayer WSe_2, Physical review letters, 2014, 113: 026803.

[132] G. Wang, X. Marie, I. Gerber, T. Amand, D. Lagarde, L. Bouet, M. Vidal, A. Balocchi, B. Urbaszek. Giant enhancement of the optical second-harmonic emission of WSe_2 monolayers by laser excitation at exciton resonances. Physical review letters, 2015, 114: 097403.

[133] Z. Ye, T. Cao, K. O'Brien, H. Zhu, X. Yin, Y. Wang, S. G. Louie, X. Zhang. Probing excitonic dark states in single-layer tungsten disulphide. Nature, 2014, 513: 214-218.

[134] M. M. Ugeda, A. J. Bradley, S. -F. Shi, F. H. d. Jornada, Y. Zhang. Giant bandgap renormalization and excitonic effects in a monolayer transition metal dichalcogenide semiconductor. Nature Materials, 2014, 13: 1091-1095.

[135] Y. Li, J. Ludwig, T. Low, A. Chernikov, X. Cui, G. Arefe, Y. D. Kim, A. M. van der Zande, A. Rigosi, H. M. Hill, S. H. Kim, J. Hone, Z. Li, D. Smirnov, T. F. Heinz. Valley splitting and polarization by the Zeeman effect in monolayer $MoSe_2$. Physical review letters, 2014, 113: 266804.

[136] A. Srivastava, M. Sidler, A. V. Allain, D. S. Lembke, A. Kis. Valley Zeeman effect in elementary optical excitations of monolayerWSe_2. Nature Physics, 2015, 3203: 1-7.

[137] E. J. Sie, J. McIver, Y. -H. Lee, L. Fu, J. Kong. Valley-selective optical Stark effect in monolayer WS_2. Nature Materials, 2015, 14: 290-294.

[138] J. Kim, X. Hong, C. Jin, S. -F. Shi, Chih-Yuan S. Chang. Ultrafast generation of pseudo-magnetic field for valley excitons in WSe_2 monolayers. Science, 2014, 346: 1205-1208.

[139] J. S. Ross, P. Klement, A. M. Jones, N. J. Ghimire, J. Yan. Electrically tunable excitonic light-emitting diodes based on monolayer WSe_2 p-n junctions. Nature nanotechnology, 2014, 9: 268-272.

[140] A. Pospischil, M. M. Furchi, T. Mueller. Solar-energy conversion and light emission in an atomic monolayer p-n diode. Nature nanotechnology, 2014, 9: 257-261.

[141] B. H. Baugher, H. O. H. Churchill, Y. Yang, P. Jarillo-Herrero. Optoelectronic devices based on electrically tunable p-n diodes in a monolayer dichalcogenide. Nature nanotechnology, 2014, 9: 262-267.

[142] Y. J. Zhang, T. Oka, R. Suzuki, J. T. Ye, Y. Iwasa. Electrically switchable chiral light-emitting transistor. Science, 2014, 344: 725-728.

[143] W. Yao. Valley light – emitting transistor, NPG Asia Materials, 2014, 6: e124.

[144] H. Yu, Y. Wu, G. B. Liu, X. Xu, W. Yao. Nonlinear valley and spin currents from Fermi pocket anisotropy in 2D crystals. Physical review letters, 2014, 113: 156603.

[145] C. -H. Lee, G. -H. Lee, A. M. v. d. Zande, W. Chen, Y. Li. Atomically thin p–n junctions with van der Waals heterointerfaces. Nature nanotechnology, 2014, 9: 676–681.

[146] M. M. Furchi, A. Pospischil, F. Libisch, J. Burgdorfer, T. Mueller. Photovoltaic effect in an electrically tunable van der Waals heterojunction. Nano letters, 2014, 14: 4785–4791.

[147] R. Cheng, D. Li, H. Zhou, C. Wang, A. Yin, S. Jiang, Y. Liu, Y. Chen, Y. Huang, X. Duan. Electroluminescence and photocurrent generation from atomically sharp WSe_2/MoS_2 heterojunction p – n diodes. Nano letters, 2014, 14: 5590–5597.

[148] B. Zhua, H. Zeng, J. Dai, Z. Gong, X. Cui. Anomalously robust valley polarization and valley coherence in bilayer WS_2. Proc Natl Acad Sci, 2014, 111: 11606–11611.

[149] P. Rivera, K. L. Seyler, H. Yu, J. R. Schaibley, J. Yan. Valley–polarized exciton dynamics in a 2D semiconductor heterostructure. Science, 2016, 351: 688–691.

[150] M. M. Fogler, L. V. Butov, K. S. Novoselov. High–temperature superfluidity with indirect excitons in van der Waals heterostructures. Nature communications, 2014, 5: 4555.

[151] M. Otani, O. Sugino. First–principles calculations of charged surfaces and interfaces: A plane–wave nonrepeated slab approach. Physical Review B, 2006, 73: 115407.

[152] O. Sugino, I. Hamada, M. Otani, Y. Morikawa, T. Ikeshoji, Y. Okamoto. First–principles molecular dynamics simulation of biased electrode/solution interface. Surface Science, 2007, 601: 5237–5240.

[153] T. Salthammer, S. Mentese, R. Marutzky. Formaldehyde in the indoor environment. Chen. Rev. , 2010, 110: 2536.

[154] K. S. Novoseloc, D. Jiang, F. Schedin, T. J. Booth, V. V. Khotkevich, S. V. Morozov, A. K. Geim. Two–dimendional atomic crystals. Proc. Natl. Acad. Sci. U. S. A. , 2005, 102: 10451.

[155] M. Chhowalla, H. S. Shin, G. Eda, L. -J. Li, K. P. Loh, H. Zhang. The

chemistry of two-dimensional Blayered trandition metal dichalcogenide nanosheets. Nat. Chem. , 2013, 5: 263-275.

[156] B. Radisavljevic, A. Radenovic, J. Brivio, V. Giacometti, A. Kis. Single-layer MoS_2 Transistrs. Nat. Nanotechnol, 2011, 6: 147.

[157] Y. Zhang, J. Ye, Y. Matsuhashi, Y. Iwasa. Ambipolar MoS_2 thin flake teansisitors. Nano Letters, 2012, 12: 1136.

[158] Zhu Z. , Collaudin A. , Fauque B. , Kang W. & Behnia K. Field-induced polarization of Dirac valleys in bismuth. Nat. Phys. , 2012, 8: 89-94.

[159] Zhang F. , Jung J. , Fiete G. A. , Niu Q. & MacDonald A. H. Spontaneous quantum hall States in chirally stacked few-layer graphene systems. Phys. Rev. Lett. , 2011, 106: 156801.

[160] Xiao D. , Yao W. & Niu Q. Valley-contrasting physics in graphene: magnetic moment and topological transport. Phys. Rev. Lett. , 2007, 99: 236809.

[161] Rycerz A. , Tworzydlo J. & Beenakker C. W. J. Valley filter and valley valve in graphene. Nat. Phys, 2007, 3: 172-175.

[162] Xu X. , Yao W. , Xiao D. & Heinz T. F. Spin and pseudospins in layered transition metal dichalcogenides. Nat. Phys. , 2014, 10: 343-350.

[163] Jones A. M, et al. Optical generation of excitonic valley coherence in monolayer WSe_2. Nat. Nanotech. , 2013, 8: 634-638.

[164] Xiao D. , Liu G. B. , Feng W. , Xu X. & Yao W. Coupled spin and valley physics in monolayers of MoS_2 and other group-VI dichalcogenides. Phys. Rev. Lett. , 2012, 108: 196802.

[165] Kuc A. & Heine T. The electronic structure calculations of two-dimensional transition-metal dichalcogenides in the presence of external electric and magnetic fields. Chem. Soc. Rev. , 2015, 44: 2603-2614.

[166] Yao W. , Xiao D. & Niu Q. Valley-dependent optoelectronics from inversion symmetry breaking. Phys. Rev. B, 2008, 77: 235406.

[167] Zhu Z. Y. , Cheng Y. C. & Schwingenschlogl U. Giant spin-orbit-induced spin splitting in two - dimensional transition - metal dichalcogenide semiconductors. Phys. Rev. B, 2011, 84: 153402.

[168] Zeng H. , Dai J. , Yao W. , Xiao D. & Cui X. Valley polarization in MoS_2 monolayers by optical pumping. Nat. Nanotech, 2012, 7: 490-493.

[169] Mak K. F. , He K. , Shan J. & Heinz T. F. Control of valley polarization in monolayer MoS_2 by optical helicity. Nat. Nanotech. , 2012, 7: 494-498.

[170] Cao T, et al. Valley-selective circular dichroism of monolayer molybdenum disulphide. Nat. Commun, 2012, 3: 887.

states in a Kondo insulator. Phys. Rev. B, 2013, 88: 035113.

[231] Go A, et al. Correlation effects on 3d topological phases: from bulk to boundary. Phys. Rev. Lett., 2012, 109: 066401.

[232] Weng H. M., Zhao J. Z., Wang Z. J., Fang Z. & Dai X. Topological crystalline Kondo insulator in mixed valence Ytterbium Borides. Phys. Rev. Lett., 2014, 112: 016403.

[233] Miyamoto K, et al. Spin-polarized Dirac-cone-like surface state with d character at W(110). Phys. Rev. Lett., 2012, 108: 066808.

[234] Kang C. J, et al. Band symmetries of mixed-valence topological insulator: SmB6. Arxiv, 2013, 1312: 5898.

[235] Okamoto S, et al. Correlation effects in (111) bilayers of perovskite transition-metal oxides. Arxiv, 2014, 1401: 0009.

[236] Chen G. & Hermele M. Magnetic orders and topological phases from f-d exchange in pyrochlore iridates. Phys. Rev. B, 2012, 86: 235129.

[237] Niwa K, et al. Compression behaviors of binary skutterudite CoP_3 in noble gases up to 40 GPa at room temperature. Inorg. Chem., 2010, 50: 3281.

[238] Smalley A., Jespersen M. L. & Johnson D. C. Synthesis and structural evolution of $RuSb_3$, a new metastable skutterudite compound. Inorg. Chem., 2004, 43: 2486.

[239] Caillat T., Fleurial J. P. & Borshchevsky A. Bridgman-solution crystal growth and characterization of the skutterudite compounds $CoSb_3$ and $RhSb_3$. J. Crystal Growth, 1996, 166: 722.

[240] Akasaka M, et al. Effects of post-annealing on thermoelectric properties of p-type $CoSb_3$ grown by the vertical Bridgman method. J. Alloys and Compounds, 2005, 386: 228.

[241] Takizawa H., Miura K., Ito M., Suzuki B. & Endo T. Atom insertion into the CoSb skutterudite host lattice under high pressure. J. Alloys and Compounds, 1999, 282: 79.

[242] Xi X. X, et al. Signatures of a pressure-induced topological quantum phase transition in BiTeI. Phys. Rev. Lett., 2013, 111: 155701.

[243] Nakamoto Y, et al. Generation of Multi-megabar pressure using nanopolycrystalline diamond anvils. Jpn. J. App. Phys., 2007, 46: 640.

[244] Zhu J. L, et al. Superconductivity in topological insulator Sb_2Te_3 induced by pressure. Sci. Rep., 2013, 3: 2016.

[245] Hamlin J. J, et al. High pressure transport properties of the topological insulator Bi_2Se_3. J. Phys.: Condens. Matter, 2012, 24: 035602.

[246] Dora B. & Moessner R. Dynamics of the spin Hall effect in topological insulators

and graphene. Phys. Rev. B, 2011, 83: 073403.

[247] Cheng P, et al. Landau quantization of topological surface states in Bi_2Se_3. Phys. Rev. Lett., 2010, 105: 076801.

[248] Sales, B. C., Mandrus, D. &Williams, R. K. Filled skutterudite antimonides: a new class of thermoelectric materials. Science, 1996, 272: 1325.

[249] Seyfarth G, et al. Multiband superconductivity in the heavy fermion compound $PrOs_4Sb_{12}$. Phys. Rev. Lett., 2005, 95: 107004.

[250] Matsumoto M, et al. Exciton mediated superconductivity in $PrOs_4Sb_{12}$. J. Phys. Soc. J., 2004, 73: 1135.

[251] Smith J. C., Banerjee S., Pardo V. & Pickett W. E. Dirac point degenerate with massive bands at a topological quantum critical point. Phys. Rev. Lett., 2011, 106: 056401.

[252] Williams J. M. & Johnson D. C. Synthesis of the new metastable skutterudite compound $NiSb_3$ from modulated elemental reactants. Inorg. Chem., 2002, 41: 4127.

[253] Kresse G. & Furthmuller J. Efficient iterative schemes for ab initio total−energy calculations using a plane−wave basis set. Phys. Rev. B, 1996, 54: 11169.

[254] Blochl P. E. Projector augmented − wave method. Phys. Rev. B, 1994, 50: 17953.

[255] Kjekshus A, et al. Compounds with the skutterudite type crystal structure. Ⅲ. structural data for arsenides and antimonides. Acta Chemica Scandinavica, 1974, 28: 99.

[256] Becke A. & Johnson E. A simple effective potential for exchange. J. Chem. Phys., 2006, 124: 221101.

[257] Tran F. & Blaha P. Accurate band gaps of semiconductors and insulators with a semilocal exchange − correlation potential. Phys. Rev. Lett., 2009, 102: 226401.

[258] Feng W. X., Xiao D., Zhang Y. & Yao Y. G. Half−Heusler topological insulators: A first−principles study with the Tran−Blaha modified Becke−Johnson density functional. Phys. Rev. B, 2010, 82: 235121.

[259] Togo A, et al. First−principles calculations of the ferroelastic transition between rutile−type and $CaCl_2$ − type SiO_2 at high pressures. Phys. Rev. B, 2008, 78: 134106.

[260] Solovyev I. V. & Dederichs P. H. Corrected atomic limit in the local−density approximation and the electronic structure of d impurities in Rb. Phys. Rev. B,

1994, 50: 16861.

[261] Blaha P. , Schwarz K. , MadsenG. , Kvasnicka D. &Luitz J. WIEN 2k, Augmented Plane Wave Local Orbitals Program for Calculating Crystal Properties, Vienna, Austria, 2001.

[262] Kok P, et al. Linear optical quantum computing with photonic qubits. Rev. Mod. Phys. , 2007, 79: 135-174.

[263] Stute A, et al. Tunable ion-photon entanglement in an optical cavity. Nature, 2012, 485: 482-485.

[264] Wilk, T. , Webster, S. C. , Kuhn, A. & Rempe, G. Single-atom single-photon quantum interface. Science, 2007, 317: 488-490.

[265] Matsukevich D. N, et al. Entanglement of a photon and a collective atomic excitation. Phys. Rev. Lett. 2005, 95: 040405.

[266] Gao W. B, et al. Observation of entanglement between a quantum dot spin and a single photon. Nature, 2012, 491: 426-430.

[267] Blinov B. , Moehring D. &Duan L. Observation of entanglement between a single trapped atom and a single photon. Nature, 2004, 428: 153-157.

[268] Gaebel T, et al. Room-temperature coherent coupling of single spins in diamond. Nat. Phys. , 2006, 2: 408-413.

[269] Balasubramanian G, et al. Ultralong spin coherence time in isotopically engineered diamond. Nature Materials, 2009, 8: 383-387.

[270] Jelezko F, et al. Observation of coherent oscillation of a single nuclear spin and realization of a two-qubit conditional quantum Gate. Phys. Rev. Lett, 2004, 93: 130501.

[271] Jelezko F, et al. Observation of coherent oscillations in a single electron spin. Phys. Rev. Lett. 2004, 92: 076401.

[272] Doherty M. W, et al. The nitrogen-vacancy colour centre in diamond. Phys. Rep. 2013, 528: 1-45.

[273] Robledo L, et al. Control and coherence of the optical transition of single nitrogen vacancy centers in diamond. Phys. Rev. Lett. 2010, 105: 177403.

[274] Moehring D. L, et al. Entanglement of single-atom quantum bits at a distance. Nature, 2007, 449: 68-71.

[275] Davies G, et al. Optical studies of 1.945eV vibronic band in diamond. Proc. R. Soc. A, 1976, 348: 285-298.

[276] Reddy N. R. S. , Manson N. B. & Krausz E. R. 2-Laser spectral hole burning in a color center in diamond. J. Lumin. , 1987, 38: 46-47.

[277] Redman D. A, et al. Spin dynamics and electronic states of N-V centers in di-

· 157 ·

amond by EPR and four-wave-mixing spectroscopy. Phys. Rev. Lett. , 1991, 67: 3420.

[278] Mita Y. Change of absorption spectra in type-Ib diamond with heavy neutron irradiation. Phys. Rev. B, 1996, 53, 11360.

[279] Lenef A. & Rand S. C. Electronic structure of the N-V center in diamond: Theory. Phys. Rev. B, 1996, 53: 13441.

[280] Davies G. Vibronic spectra in diamond. J. Phys. C: Solid State Phys. , 1974, 7: 3797.

[281] Doherty M. W. , Manson N. B. , Delaney P. & Hollenberg L. C. L. The negatively charged nitrogen - vacancy centre in diamond: the electronic solution. New J. Phys. , 2011, 13: 025019.

[282] Maze J. R, et al. Properties of nitrogen-vacancy centers in diamond: the group theoretic approach. New J. Phys. , 2011, 13: 025025.

[283] Manson N. , Harrison J. & Sellars M. Nitrogen-vacancy center in diamond: model of the electronic structure and associated dynamics. Phys. Rev. B, 2006, 74: 104303.

[284] Doherty M. W, et al. Electronic properties and metrology applications of the diamond NV- Center under Pressure. Phys. Rev. Lett. , 2014, 112: 047601.

[285] Onida G. , Reining L. & Rubio A. Electronic excitations: density-functional versus many - body Green's-function approaches. Rev. Mod. Phys. , 2002, 74: 601-659.

[286] Wu Q. & Van Voorhis T. Constrained density functional theory and its application in long-range electron transfer. J. Chem. Theo. Comp. , 2006, 2: 765-774.

[287] Gali A. , Fyta M. & Kaxiras E. Ab initio supercell calculations on nitrogenvacancy center in diamond: Electronic structure and hyperfine tensors. Phys. Rev. B, 2008, 77: 155206.

[288] Zhang J. H, et al. Vibrational modes and lattice distortion of a nitrogen - vacancy center in diamond from first-principles calculations. Phys. Rev. B, 2011, 84: 035211.

[289] Ma Y. , Rohlfing M. & Gali A. Excited states of the negatively charged nitrogenvacancy color center in diamond. Phys. Rev. B, 2010, 81: 041204R.

[290] Gali A, et al. Theory of Spin-conserving excitation of the N-V- center in diamond. Phys. Rev. Lett. , 2009, 103: 186404.

[291] Weber, J. R. et al. Quantum computing with defects. PNAS 107, 8513-8518 (2010).

[292] Fahy S, et al. Pressure coefficients of band gaps of diamond. Phys. Rev. B,

1986, 35: 5856-5859.

[293] Wei S. -H. & Krakauer H. Local-density-functional calculation of the pressureinduced metallization of BaSe and BaTe. Phys. Rev. Lett. , 1985, 55: 1200-1203.

[294] Kobayashi M.&Nisida Y. High pressure effects on photoluminescence spectra of color centers in diamond. Jpn. J. Appl. Phys, 32 Suppl: 1993, 32-1, 279-281.

[295] Bersuker I. B. & Polinger Z. Vibronic interactions in molecules and crystals (Springer-Verlag, Berlin, Heidelberg, 1989).

[296] Perdew J. P. , Burke K. & Ernzerhof M. Generalized gradient approximation made simple. Phys. Rev. Lett. 1996, 77: 3865.

[297] Kresse G. & Joubert D. From ultrasoft pseudopotentials to the projector augmented-wave method. Phys. Rev. B, 1999, 59: 1758

[298] Novoselov, K. S, et al. Electric Field Effect in Atomically Thin Carbon Films. Science, 2004, 306: 666.

[299] Bolotin K. I, et al. Ultrahigh electron mobility in suspended graphene. Solid State Commun. , 2008, 146: 351.

[300] Novoselov, K. S, et al. Two-dimensional gas of massless Dirac fermions in graphene. Nature, 2005, 438: 197.

[301] Du X. , Skachko I. , Duerr F. , Luican A. & Andrei E. Y. Fractional quantum Hall effect and insulating phase of Dirac electrons in graphene. Nature, 2009, 462: 192.

[302] Castro Neto A. H. , Guinea F. , Peres M. R. , Novoselov K. S. & Geim A. K. The electronic properties of graphene. Rev. Mod. Phys. , 2009, 81: 109.

[303] Ko¨nig, M. et al. Quantum Spin Hall Insulator State in HgTe Quantum Wells. Science, 2007, 318: 766-770.

[304] Vogt R, et al. Silicene: Compelling Experimental Evidence for Graphene like Two Dimensional Silicon. Phys. Rev. Lett. , 2012, 108: 155501.

[305] Coehoorn R, et al. Electronic structure of $MoSe_2$, MoS_2, and WSe_2. I. Bandstructure calculations and photoelectron spectroscopy. Phys. Rev. B, 1987, 35: 6195.

[306] Dickinson R. G. & Pauling L. The Crystal structure of Molybdenite. J. Am. Chem. Soc. , 1923, 45: 1466.

[307] Bronsema K. D. , de Boer J. L. & Jellinek F. On the structure of molybdenum diselenide and disulphide. Z. Anorg. Alg. Chem. , 1986, 540/541: 15.

[308] Liu C. C. , Jiang H. & Yao Y. Low-energy effective Hamiltonian involving spinorbit coupling in silicene and two-dimensional germanium and tin. Phys. Rev. B. , 2011, 84: 195430.

[309] Tsai W. -F, et al. Gated silicene as a tunable source of nearly 100% spin-po-

larized electrons. Nature Commun. , 2013, 4: 1500.

[310] Radisavljevic B. , Radenovic A. , Brivio J. , Giacometti V. & Kis A. Single-layer MoS$_2$ transistors. Nature Nanotech. , 2011, 6: 147.

[311] Lebegue S. & Eriksson O. Electronic structure of two-dimensional crystals from ab initio theory. Phys. Rev. B, 2009, 79: 115409.

[312] Splendiani A, et al. Emerging Photoluminescence in Monolayer MoS$_2$. Nano Letters, 2010, 10: 1271.

[313] Schmidt G. , Ferrand D. , Molenkamp L. W. , Filip A. T. & van Wees B. J. Fundamental obstacle for electrical spin injection from a ferromagnetic metal into a diffusive semiconductor. Phys. Rev. B, 2000, 62: 4790(R).

[314] Rashba E. I. Teory of electrical spin injecton: Tunnel contacts as a solution of the conductivity mismatch problem. Phys. Rev. B, 2000, 62: 16267(R).

[315] Fert A. & Jaffres H. Conditions for efcient spin injection from a ferromagnetic metal into a semiconductor. Phys. Rev. B, 2001, 64: 184420.

[316] Zhang C. , Wang Y. , Wu B. & Wu Y. Enhancement of spin injection from ferromagnet to graphene with a Cu interfacial layer. Appl. Phys. Lett. , 2012, 101: 022406.

[317] Yamaguchi T. , Masubuchi S. , Iguchi K. , Moriya R. & Machida T. Tunnel spin injection into graphene using Al$_2$O$_3$ barrier grown by atomic layer deposition on functionalized graphene surface. J. Magn. Magn. Mater. , 2012, 324: 849-852.

[318] Jo S. , Ki D. -K. , Jeong D. , Lee H-J. & Kettemann S. Spin relaxation properties in graphene due to its linear dispersion. Phys. Rev. B, 2011, 84: 075453.

[319] Avsar, A. et al. Towards wafer scale fabrication of graphene based spin valve devices. Nano Letters, 2011, 11: 2363-2358.

[171] Srivastava A, et al. Valley Zeeman effect in elementary optical excitations of monolayer WSe_2. Nat. Phys. , 2015, 11: 141-147.

[172] Aivazian G, et al. Magnetic control of valley pseudospin in monolayer WSe_2. Nat. Phys. , 2015, 11: 148-152.

[173] MacNeill D, et al. Breaking of valley degeneracy by magnetic field in monolayer $MoSe_2$. Phys. Rev. Lett. , 2015, 114: 037401.

[174] Li, Y. et al. Valley splitting and polarization by the Zeeman effect in monolayer $MoSe_2$. Phys. Rev. Lett. , 2014, 113: 266804.

[175] Sie E. J, et al. Valley-selective optical Stark effect in monolayer WS_2. Nat. Mater. , 2015, 14: 290-294.

[176] Takashina K. , Ono Y. , Fujiwara A. , Takahashi Y. & Hirayama Y. Valley polarization in Si (100) at zero magnetic field. Phys. Rev. Lett. , 2006, 96: 236801.

[177] Gunawan O, et al. Valley susceptibility of an interacting two-dimensional electron system. Phys. Rev. Lett. , 2006, 97: 186404.

[178] Andriotis A. N. & Menon M. Tunable magnetic properties of transition metal doped MoS_2. Phys. Rev. B, 2014, 90: 125304.

[179] Cheng Y. C. , Zhang Q. Y. & Schwingenschlo¨gl U. Valley polarization in magnetically doped single-layer transition-metal dichalcogenides. Phys. Rev. B, 2014, 89: 55429.

[180] Mishra R. , Zhou W. , Pennycook S. J. , Pantelides S. T. & Idrobo J. C. Long-range ferromagnetic ordering in manganese-doped two-dimensional dichalcogenides. Phys. Rev. B, 2013, 88: 144409.

[181] Ramasubramaniam A. & Naveh D. Mn-doped monolayer MoS_2: an atomically thin dilute magnetic semiconductor. Phys. Rev. B, 2013, 87: 195201.

[182] Cheng Y. C. , Zhu Z. Y. , Mi W. B. , Guo Z. B. & Schwingenschlogl U. Prediction of two-dimensional diluted magnetic semiconductors: doped monolayer MoS_2 systems. Phys. Rev. B, 2013, 87: 100401.

[183] Qi J. , Li X. , Niu Q. & Feng J. Giant and tunable valley degeneracy splitting in $MoTe_2$. Phys. Rev. B, 2015, 92: 121403.

[184] Zhang Q. , Yang S. A. , Mi W. , Cheng Y. & Schwingenschloegl U. Large spin-valley polarization in monolayer $MoTe_2$ on top of EuO (111). Adv. Mater. , 2016, 28: 959-966.

[185] Mattheiss L. F. Band structures of transition-metal-dichalcogenide layer compounds. Phys. Rev. B, 1973, 8: 3719-3740.

[186] Liu G. B. , Shan W. Y. , Yao Y. , Yao W. & Xiao D. Three-band tight-bind-

ing model for monolayers of group-VIB transition metal dichalcogenides. Phys. Rev. B, 2013, 88: 085433.

[187] Korma'nyos A, et al. Monolayer MoS_2: trigonal warping, the G valley, and spin-orbit coupling effects. Phys. Rev. B, 2013, 88: 045416.

[188] Li F., Tu K. & Chen Z. Versatile electronic properties of VSe_2 bulk, few-Layers, monolayer, nanoribbons, and nanotubes: a computational exploration. J. Phys. Chem. C, 2014, 118: 21264-21274.

[189] Pan H. Electronic and magnetic properties of vanadium dichalcogenides monolayers tuned by hydrogenation. J. Phys. Chem. C, 2014, 118: 13248-13253.

[190] Priyanka M. & Ralph S. 2D transition-metal diselenides: phase segregation, electronic structure, and magnetism. J. Phys. Condens. Matter, 2016, 28: 064002.

[191] Spiecker E, et al. Self-assembled nanofold network formation on layered crystal surfaces during metal intercalation. Phys. Rev. Lett., 2006, 96: 086401.

[192] Ma Y, et al. Evidence of the existence of magnetism in pristine VX_2 monolayers (X, Se) and their strain-induced tunable magnetic properties. ACS Nano, 2012, 6: 1695-1701.

[193] Atkins R, et al. Synthesis, structure and electrical properties of a new tin vanadium selenide. J. Solid State Chem., 2013, 202: 128-133.

[194] Yang J, et al. Thickness dependence of the charge-density-wave transition temperature in VSe2. Appl. Phys. Lett., 2014, 105: 063109.

[195] Hite O. K., Nellist M., Ditto J., Falmbigl M. & Johnson D. C. Transport properties of VSe_2 monolayers separated by bilayers of BiSe. J. Mater. Res., 2016, 31: 886-892.

[196] Thouless D. J., Kohmoto M., Nightingale M. P. & den Nijs M. Quantized Hall conductance in a two-dimensional periodic potential. Phys. Rev. Lett., 1982, 49: 405-408.

[197] Pan H, et al. Valley-polarized quantum anomalous Hall effect in silicene. Phys. Rev. Lett., 2014, 112: 106802.

[198] Feng W, et al. Intrinsic spin Hall effect in monolayers of group-Ⅵ dichalcogenides: a first-principles study. Phys. Rev. B, 2012, 86: 5391-5397.

[199] Ezawa M. Valley-polarized metals and quantum anomalous Hall effect in silicene. Phys. Rev. Lett., 2012, 109: 515-565.

[200] Pesin D. & MacDonald A. H. Spintronics and pseudospintronics in graphene and topological insulators. Nat. Mater., 2012, 11: 409-416.

[201] Kresse G. & Furthmuller J. Efficiency of ab-initio total energy calculations for

metals and semiconductors using a plane-wave basis set. Comput. Mater. Sci. , 1996, 6: 15-50.

[202] Perdew J. P. , Burke K. & Ernzerhof M. Generalized gradient approximation made simple. Phys. Rev. Lett. 1997, 78: 1396-1396.

[203] Tong W. Y, et al. Spin-dependent optical response of multiferroic EuO: first-principles DFT calculations. Phys. Rev. B, 2014, 89: 064404.

[204] Gibertini M. , Pellegrino F. M. D. , Marzari N. & Polini M. Spin-resolved optical conductivity of two-dimensional group-VIB transition-metal dichalcogenides. Phys. Rev. B, 2014, 90: 245411.

[205] Bernevig, B. A. , Hughes, T. A. & Zhang. S. C. Quantum spin Hall effect and topological phase transition in HgTe quantum wells. Science, 2006, 314: 1757-1761.

[206] Lin H. , Wray L. A. , Xia Y. , Xu S. Y. , Jia S. , Cava R. J. , Bansil A. & Hasan M. Z. Half-Heusler ternary compounds as new multifunctional experimental platforms for topological quantum phenomena. Nat. Mat. , 2010, 9: 546.

[207] Chadov S. , Qi X. L. , Kubler J. , Fecher G. H. , Felser C. & Zhang S. C. Tunable multifunctional topological insulators in ternary Heusler compounds. Nat. Mat. , 2010, 9: 541.

[208] Qi X. L. , Hughes T. L. & Zhang S. C. Topological field theory of time-reversal invariant insulators. Phys. Rev. B, 2008, 78: 195424.

[209] Zhang H. J. , Liu C. X. , Qi X. L. , Dai X. , Fang Z. & Zhang S. C. Topological insulators in Bi_2Se_3, Bi_2Te_3 and Sb_2Te_3 with a single Dirac cone on the surface. Nat. Phys. , 2009, 5: 438.

[210] Fu L. & Kane C. L. Topological insulators with inversion symmetry. Phys. Rev. B, 2007, 76: 045302.

[211] Xia Y, et al. Observation of a large-gap topological-insulator class with a single Dirac cone on the surface. Nat. Phys. , 2009, 5: 398.

[212] Yan B. H. , Muchler L. , Qi X. L. , Zhang S. C. &Felser C. Topological insulators in filled skutterudites. Phys. Rev. B, 2012, 85: 165125.

[213] Liu C. C. , Feng W. X. & Yao Y. G. Quantum spin Hall effect in silicene and two dimensional germanium. Phys. Rev. Lett. , 2011, 107: 076802.

[214] Sun F. D. , Yu X. L. , Ye J. W. , Fan H. & Liu W. M. Topological quantum phase transition in synthetic non-abelian gauge potential: gauge invariance and experimental detections. Sci. Rep. , 2013, 3: 2119.

[215] Yu R. , Zhang W. , Zhang H. J. , Zhang S. C. , Dai X. & Fang Z. Quantized anomalous Hall effect in magnetic topological insulators. Science, 2010, 329: 61.

[216] Qiao Z. H. , Tse W. , Jiang H. , Yao Y. G. & Niu Q. Two-Dimensional topological insulator state and topological phase transition in bilayer graphene. Phys. Rev. Lett. , 2011, 107: 256801.

[217] Zhang X. L. , Liu L. F. & Liu W. M. Quantum anomalous Hall effect and tunable topological states in 3d transition metals doped silicene. Sci. Rep. , 2013, 3: 2908.

[218] Zhang J. M. , Zhu W. G. , Zhang Y. , Xiao D. & Yao Y. G. Tailoring magnetic doping in the topological insulator Bi_2Se_3. Phys. Rev. Lett. , 2012, 109: 266405.

[219] Fu L. & Kane C. L. Superconducting proximity effect and Majorana fermions at the surface of a topological insulator. Phys. Rev. Lett. , 2008, 100: 096407.

[220] Tiwari R. P. , Zlicke U. & Bruder U. Majorana fermions from Landau quantization in a superconductor and topological-insulator hybrid structure. Phys. Rev. Lett. , 2013, 110: 186805.

[221] Zhang W. , Yu R. , Zhang H. J. , Dai X. & Fang Z. First-principles studies of the three-dimensional strong topological insulators Bi_2Te_3, Bi_2Se_3 and Sb_2Te_3. New Journal of Physics, 2010, 12: 065013.

[222] Bahramy M. S. , Yang B. J. , Arita R. & Nagaosa N. Emergent quantum confinement at topological insulator surfaces. Nat. Commun. , 2012, 3: 679.

[223] Wang C. R. et al. Magnetotransport in copper-doped noncentrosymmetric BiTeI. Phys. Rev. B, 2013, 88: 081104(R).

[224] Feng W. X. , Xiao D. , Ding J. & Yao Y. G. Three-dimensional topological insulators in I–III–VI2 and II–IV–V2 chalcopyrite semiconductors. Phys. Rev. Lett. , 2011, 106: 016402.

[225] Liu W. L, et al. Anisotropic interactions and strain-induced topological phase transition in Sb_2Se_3 and Bi_2Se_3. Phys. Rev. B, 2011, 84: 245105.

[226] Xiao D, et al. Half-Heusler compounds as a new class of three-dimensional topological insulators. Phys. Rev. Lett. , 2010, 105: 096404.

[227] Yu S. L. , Xie X. C. & Li J. X. Mott physics and topological phase transition in correlated dirac fermions. Phys. Rev. Lett. , 2011, 107: 010401.

[228] Castro E. V, et al. Topological fermi liquids from coulomb interactions in the doped honeycomb lattice. Phys. Rev. Lett. , 2011, 107: 106402.

[229] Doennig D. , Pickett W. E. & Pentcheva R. Confinement-driven transitions between topological and Mott phases in $(LaNiO_3)N/(LaAlO_3)M(111)$ superlattices. Phys. Rev. B, 2014, 89: 12110(R).

[230] Werner J. & Assaad F. F. Interaction-driven transition between topological